"十三五"江苏省高等学校重点教材（编号：2018-2-110）

U0203155

茶文化与茶艺

主　编　黄凌云（镇江市高等专科学校）

王小琴（镇江市高等专科学校）

副主编　罗爱红（镇江市高等专科学校）

朱　珠（江 苏 科 技 大 学 ）

吴华芳（镇江西津渡听雨茶坊）

贾孝娟（镇 江 市 寻 常 茶 室 ）

王　琳（镇江市高等专科学校）

吴　玮（镇江高等职业技术学校）

江苏大学出版社
JIANGSU UNIVERSITY PRESS

镇　江

图书在版编目(CIP)数据

茶文化与茶艺 / 黄凌云,王小琴主编. —镇江：
江苏大学出版社,2019.8(2022.1重印)
ISBN 978-7-5684-1001-4

Ⅰ.①茶… Ⅱ.①黄… ②王… Ⅲ.①茶文化－中国
②茶艺－中国 Ⅳ.①TS971.21

中国版本图书馆 CIP 数据核字(2018)第 273133 号

茶文化与茶艺
Cha Wenhua Yu Chayi

主　　编/黄凌云　王小琴
责任编辑/李菊萍
出版发行/江苏大学出版社
地　　址/江苏省镇江市梦溪园巷 30 号(邮编：212003)
电　　话/0511-84446464(传真)
网　　址/http：//press. ujs. edu. cn
排　　版/镇江文苑制版印刷有限责任公司
印　　刷/镇江文苑制版印刷有限责任公司
开　　本/787 mm×1 092 mm　1/16
印　　张/12.25
字　　数/278 千字
版　　次/2019 年 8 月第 1 版
印　　次/2022 年 1 月第 4 次印刷
书　　号/ISBN 978-7-5684-1001-4
定　　价/49.00 元

如有印装质量问题请与本社营销部联系(电话：0511-84440882)

前言

　　中国是世界上最早种茶、制茶和形成茶文化的国家,茶被人们赋予了深厚的文化思想内涵,茶不仅是中国优秀传统文化的重要载体,更是能融合古代文化与现代文化,延续和发展中华文明,促进国家"一带一路"倡议推进的重要媒介。

　　本书的主要特色体现在以下几方面:

　　1. 定位清晰,针对性强

　　本书既有茶文化知识性内容,更强调冲泡品鉴的茶艺技能训练,符合高校的教学需求,同时亦可满足社会类培训需求。

　　2. 内容编写创新

　　以读者为中心,安排教学内容,对茶席设计、茶艺表演进行相关引导,着力于提高读者的实际操作能力,为读者的可持续发展打下基础。

　　3. 茶艺和香艺相结合

　　茶和香本是一家,但目前茶艺教材中关于香的部分尚是空白,本书在介绍茶文化与茶艺的基础上加入香艺知识,拓展和深化茶艺的内涵。

　　4. 纸质教材与多媒体资源互动融合

　　本书围绕课程内容,拍摄了大量的图片和视频内容,通过二维码链接的方式提供,方便读者反复观看和感受,立体化资源使得教学效果大大改善。

　　5. 编写团队组合理想

　　主编长期担任"中国茶艺"专业课程的教学工作,积累了丰富的理论基础知识和教学经验,同时还担任茶艺师的培训和考评工作,有丰富的社会实训指导和考评经验。罗爱红、朱珠、王琳、吴玮几位老师长期从事茶艺、礼仪等教学和社会类服务工作。

　　此外,本书编写过程中还有不少企业和社会茶艺人员积极参与。吴华芳,镇江市"0511 爱心家园"负责人,发起了上百次爱心公益行动,2011 年初被授予"江苏省优秀志愿者"和"镇江市第三届大爱之星"称号,她多次举办茶艺的评审工作;贾孝娟开办的寻常茶室清静幽雅,多次举办茶艺的教学和研讨活动,有丰富的理论和实践经验。

　　本书编写过程中参考和借鉴了许多学者的教材、专著和文献资料,在此表示感谢。由于编者水平有限,书中还有许多不足之处,希望广大读者批评指正。

编　者

2019 年 5 月 10 日

感谢镇江听雨茶坊、两间房民宿、寻常茶室及上海山余茶舍的大力支持。

特别鸣谢镇江高等专科学校苏军老师、张谦老师对于本课程照片、视频拍摄工作的大力支持。

目 录

上篇　茶文化

岗位知识一　茶知识

1

● 岗位知识二　茶文化

岗位知识三　茶　艺

目
录

下篇 茶 艺

目
录

上篇

茶 文化

岗位知识一 茶知识

知识点 一 | 茶的起源与分布

(一) 茶树的起源

中国是茶树的故乡,全世界的茶树都来源于中国,中国是目前发现野生大茶树最早和最多的国家,早在1700多年前,就发现了野生大茶树,三国时期的《吴普·本草》引《桐君录》中就有"南方有瓜芦木,亦似茗,至苦涩"之说,这里的瓜芦木指的就是野生大茶树。从古至今,中国已经发现的野生大茶树无论是从树龄、数量还是树体等来看,都堪称世界首位。

中国野生大茶树集中分布在四个区域:一是滇南、滇西南;二是滇、桂、黔毗邻区;三是滇、川、黔毗邻区;四是粤、赣、湘毗邻区,亦有少数散见于福建、台湾和海南省,其中以云南省的南部和西南部最多。中国的西南地区,主要是云南、贵州和四川,是世界上最早发现、利用和栽培茶树的地方,同时也是世界上最早发现野生茶树和现存野生大茶树最多、最集中的地方。

(二) 中国茶区分布

中国是世界上最早种茶、制茶和利用茶的国家,我们的祖先将野生的茶树移栽种植,渐渐培育出栽培型茶树种。随着种植面积的扩大,由于各地气候、土壤等因素的不同,便形成了不同特征的茶树,从茶树的栽培到茶叶的采摘和制作各地也各具特色,因此形成了各地产茶区。

1. 古代茶区

早在唐代,茶区的概念就已经出现了。陆羽在其著作《茶经·八之出》里详细记述了唐朝开元年间中国产茶区分布的情况。当时中国分 15 个道,有 8 个道的 43 个州郡产茶,主要有八个茶区,分别为山南茶区、淮南茶区、浙西茶区、剑南茶区、浙东茶区、黔中茶区、江南茶区和岭南茶区。宋代,茶区一再扩大,产量持续提高。元、明、清时期,茶叶产区又进一步扩展。到了鸦片战争至民国时期,由于战乱,产茶区逐渐缩小。

2. 现代茶区

新中国成立以后,中国的茶叶生产有了新的发展,产茶区逐渐恢复并扩大,至今全国有 20 个省(区、直辖市)共计 1000 多个市(县)产茶,现有茶园面积居世界第一位。目前,我国产茶区主要划分为四大茶区:西南茶区、华南茶区、江南茶区和江北茶区。

◆ 最古老的西南茶区

西南茶区是中国最古老的茶区,无论是树龄还是文献记载,都表明这里是茶区的起源地。陆羽在《茶经》开篇"一之源"中称:"茶者,南方之嘉木也。一尺,二尺,乃至数十尺。其巴山峡川,有两人合抱者,伐而掇之。"这里讲的就是四川和云南等地的乔木种茶树。

西南茶区包括云南、贵州、四川三省及西藏东南部。该区茶树品种资源丰富,比较有名的茶有云南的普洱、滇红,贵州的都云毛尖、遵义绿茶,四川的竹叶青、川红,西藏的黑茶等。

◆ 最适合茶树生长的华南茶区

茶树生长对阳光、土壤、雨量、温度和地形有一定的要求。光照是茶树生存的首要条件,光照不能太强,也不能太弱,需漫射光;土壤一般需排水性良好的砂质土壤,酸碱度 pH 在 4.5~6.5 为宜;雨量平均,且年降雨量在 1500 毫米以上,不足和过多对茶树的生长都有影响;年平均温度需在 18~25 ℃。随着海拔的升高,气温和湿度都有明显的变化,在一定高度的山区,雨量充沛,云雾多,空气湿度大,漫射光强,对茶树生长有利,因此高山出好茶,一般选择偏南坡为最好。

华南茶区位于中国南部,包括广东、广西、福建、台湾、海南等地,这里阳光、土壤、雨量、温度、地形都有利于茶树生长,有乔木、小乔木、灌木等类型的茶树品种,茶资源极为丰富,主要生产红茶、乌龙茶、白茶和黑茶等。

◆ 盛产绿茶的江南茶区

江南茶区位于中国长江中、下游南部,包括浙江、湖南、江西等省份和皖南、苏南、鄂南等地区,为中国茶叶主要产区,茶叶的年产量大约占全国总产量的 2/3,茶区茶树主要以灌木种为主。这里是我国绿茶产量最高的地区,绿茶中的名品有西湖龙井、太湖碧螺春、安徽黄山毛峰、安徽六安瓜片、江西婺源绿茶、江西云雾茶等。

◆ 中国最北部的江北茶区

江北茶区位于长江中、下游北岸,包括河南、陕西、甘肃、山东等地。江北茶区是中国所有茶区中降水量最少的茶区,主要生产绿茶,比较有名的茶有河南信阳毛尖、陕西午子仙毫、山东崂山绿茶等。

知识点 二 | 茶的分类与制作工艺

（一）茶叶的分类

在对茶的利用发展过程中,中国人逐步对茶叶的加工工艺进行改良和完善,使茶叶种类不断丰富和发展。茶学界在各种茶类制法的基础上结合茶的品质特征,将中国茶叶分为基本茶类和再加工茶类两大类。

1. 基本茶类

按照茶叶中多酚类物质氧化聚合程度的不同,将茶叶分为六大基本类型。

绿 茶 —— 白 茶 —— 黄 茶 —— 乌龙茶 —— 红 茶 —— 黑 茶
（不发酵）　（轻微发酵）　（微发酵）　（半发酵）　（全发酵）　（后发酵）

◆ 绿茶（green tea）

绿茶是未经发酵制成的茶,是以适宜的茶树新梢为原料,经杀青、揉捻、干燥等典型工艺过程制成的茶叶,其干茶色泽和冲泡后的茶汤、叶底均以绿色为主调,故名绿茶。清汤绿叶是绿茶品质的共同特点。

绿茶被誉为我国的"国饮",是我国产茶量最大的茶类,主要以浙江、安徽、江西三省产量最高,质量最优,这三省是我国绿茶生产的主要基地。在国际市场上,我国绿茶占国际贸易量的70%以上,同时绿茶也是生产花茶的主要原料。

绿茶按杀青和干燥方法的不同,一般分为晒青绿茶、蒸青绿茶、烘青绿茶和炒青绿茶。

（1）晒青绿茶

晒青绿茶,是指鲜叶经过锅炒杀青、揉捻以后,利用日光晒干的绿茶。由于太阳晒的温度较低,时间较长,因此晒青绿茶较多地保留了鲜叶的天然物质,制出的茶叶滋味浓重,且带有一股日晒特有的味道,茶人谓之"浓浓的太阳味"。

晒青绿茶主产于四川、云南、广西、湖北和陕西等地,云南大叶种所制的滇青质量突出,滇青生产已有千年历史,是制作沱茶和普洱茶的优质原料。

晒青绿茶的品质特点:香高味醇,汤色清澈明亮,呈淡黄微绿色,滋味讲究高醇。

（2）蒸青绿茶

蒸青绿茶,是指利用蒸汽杀青的制茶工艺制得的成品绿茶。

蒸青绿茶的基本工艺流程:将采来的新鲜茶叶,经蒸青或轻煮"捞青"软化后揉捻、干燥、碾压后造型。中国的蒸青绿茶主产于湖北和江苏,主要品种有湖北恩施的恩施玉露、湖北当阳的仙人掌茶、江苏宜兴的阳羡茶等。

蒸青绿茶的品质特点:"三绿一爽",即色泽翠绿,汤色嫩绿,叶底青绿;茶汤滋味鲜爽甘醇,带有海藻味的绿豆香或板栗香。

(3) 烘青绿茶

烘青绿茶是指鲜叶经过杀青、揉捻,而后烘干制得的成品绿茶。

烘青绿茶的品质特点:外形条索完整,白毫显露,色泽绿润,茶汤香气清鲜,滋味鲜醇,叶底嫩绿明亮。其中,特种烘青主要有黄山毛峰、太平猴魁、六安瓜片等。

(4) 炒青绿茶

炒青,是指在制作茶叶的过程中利用微火在锅中使茶叶萎凋的手法,通过人工的揉捻令茶叶水分快速蒸发,阻断了茶叶发酵的过程,并使茶汁的精华完全保留的工序。

炒青绿茶按外形可分为长炒青、圆炒青和扁炒青三类。长炒青形似眉毛,又称为眉茶;圆炒青外形如颗粒,又称为珠茶;扁炒青又称为扁形茶。

长炒青的品质特点:条索紧结,色泽绿润,香高持久,滋味浓郁,如婺源炒青;圆炒青的品质特点:外形圆紧如珠,香高味浓,耐泡,如洞庭碧螺春;扁炒青的品质特点:扁平光滑,香鲜味醇,如西湖龙井。

◆ 白茶(white tea)

白茶是轻微发酵茶,因其成品茶多为芽头,满披白毫,如银似雪而得名,素有"绿妆素裹"之美感,是中国茶类中的特殊珍品。

白茶的品质特点:芽毫完整,满身披毫,毫香清鲜;汤色黄绿清澈,滋味清淡回甘。

白茶因采摘部位不同,分为芽茶和叶茶两类:白芽类白茶也称为银针,主要代表是白毫银针;白叶类白茶主要有白牡丹、贡眉、寿眉等。

◆ 黄茶(yellow tea)

黄茶属于微发酵类茶。

黄茶按鲜叶老嫩和芽叶大小可分为黄芽茶、黄小茶和黄大茶三大类。黄芽茶主要有君山银针、蒙顶黄芽和霍山黄芽等;黄小茶主要有平阳黄汤、雅安黄茶、沩山白毛尖、北港毛尖等;黄大茶主要有霍山黄大茶、广东大叶青等。其中,君山银针和北港毛尖都产自湖南岳阳,因此湖南岳阳被称为"中国黄茶之乡"。

黄茶的品质特点:色黄、汤黄、叶底黄,汤色橙黄明净,滋味醇厚回甘。

◆ 乌龙茶(oolong tea)

乌龙茶属于半发酵茶,是介于不发酵的绿茶和全发酵的红茶之间的一种茶类。

乌龙茶现今主要产于福建、广东、台湾三个省,主要生产地区是福建省安溪县。乌龙茶除了内销各省外,主要出口日本、东南亚和我国港澳地区。

乌龙茶的品种较多,主要有以下三种分类方式:

1) 按发酵程度划分

根据发酵程度的不同,乌龙茶通常可分为轻度(10%~25%)发酵茶、中度(25%~50%)发酵茶和重度(50%~70%)发酵茶,见表1-1。轻度发酵乌龙茶摇青程度较轻,摇青次数少;重度发酵乌龙茶摇青程度较重,摇青次数较多。

表 1-1　乌龙茶的分类(按发酵程度)

品　　种	典型代表	特　点	其他典型代表
轻度发酵乌龙茶	文山包种	文山包种发酵程度为8%~10%,在乌龙茶中为最轻,焙火亦轻,更接近绿茶,在乌龙茶中独树一帜	清香型铁观音等
中度发酵乌龙茶	闽北乌龙	其发酵程度可高达50%左右,外形粗壮紧结,色泽青褐油润	传统的浓香铁观音、广东凤凰单丛等
重度发酵乌龙茶	白毫乌龙	白毫乌龙是台湾地区独有的名茶,是乌龙茶中发酵程度最重的茶品,一般的发酵度为60%,也有些高达75%~85%。其外形枝叶连理,白毫显露,故称白毫乌龙,又称"东方美人茶"	

　　不同的乌龙茶,因茶树品种和制造工艺的不同,形成了不同的品质特征。以香气为例,轻度发酵乌龙茶似绿茶,具有清香;中度发酵乌龙茶清香较浓烈;重度发酵乌龙茶似红茶,具有蜜香。

　　2) 按产区划分

　　乌龙茶产区主要分闽南乌龙、闽北乌龙、广东乌龙和台湾乌龙四大类。

　　(1) 闽南乌龙

　　闽南乌龙主产于福建南部安溪、永春、南安、同安等地,主要品类有铁观音、黄金桂、闽南水仙、永春佛手等。

　　闽南乌龙以安溪铁观音为代表,"铁观音"既是茶名,又是茶树品种名。此茶外形条索紧结,有的形如秤钩,有的状似蜻蜓头,在制茶时由于咖啡碱随着水分蒸发,表面会形成一层白霜,又称作"砂绿起霜"。冲泡后异香扑鼻,满口生香,喉底回甘,称得上七泡有余香。

　　(2) 闽北乌龙

　　闽北乌龙主产于福建北部,包括武夷山、建瓯、建阳、水吉等地。闽北乌龙以武夷岩茶为代表,品种包罗万象,武夷岩茶的名枞有几百种,甚至上千种,典型的四大名枞有大红袍、铁罗汉、白鸡冠、水金龟。大红袍则是武夷岩茶中品质最优、名气最大者。

　　(3) 广东乌龙

　　广东乌龙产区主要在广东东部的潮安县、饶平县、汕头市等地,主要品类有凤凰水仙、饶平色种、石古坪乌龙、大叶奇兰、兴宁奇兰等,其中以潮安的凤凰单丛和饶平的岭头单丛最为著名。凤凰水仙根据原料优次、制作工艺和品质的不同,可以分为凤凰单丛、凤凰浪菜和凤凰水仙三个品级,潮安县的凤凰单丛以香高、味浓、耐泡著称,其产制已有九百多年的历史,品质特佳,为外销乌龙茶之极品,闻名于中外。

　　广东乌龙条索肥壮匀整,色泽褐中带灰,油润有光,汤色黄而带红亮,叶底非常肥厚。最突出的是广东乌龙的香气,芬芳馥郁独树一帜,较为常见的香型有类似栀子花

上篇　茶文化

7

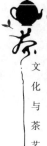

的黄枝香、桂花香、蜜兰香、芝兰香等。

（4）台湾乌龙

台湾乌龙是清代由福建传入台湾地区的，最早在南投鹿谷、台北木栅、南港等地种植。经过150多年的发展，逐渐有包种茶、冻顶茶、东方美人茶等各式特色乌龙茶产生。近40年来，台湾地区茶种逐渐由红茶转变为乌龙茶，现在乌龙茶产量占总产量的九成以上。

真正的"冻顶乌龙"产于鹿谷乡彭雅村海拔600米的山顶上那片40多公顷的茶园，产品等级分为特选、春、冬、梅、兰、竹、菊。冻顶乌龙茶外观紧结，呈条索状，墨绿色带有光泽；茶汤清澈，呈蜜黄色；香气清纯，具有花香；滋味甘醇浓厚，耐冲泡；入口圆滑甘润，饮后口颊生津，喉韵悠长。

3）按形态划分

（1）条索形乌龙茶，如武夷岩茶、凤凰单丛等；

（2）半球形乌龙茶，如铁观音、台湾乌龙茶等；

（3）束形乌龙茶，如武夷山麓八角亭龙须茶；

（4）团块形乌龙茶，如福建省漳平水仙茶。

台湾乌龙和闽南乌龙主要呈球形或颗粒形，两者最大的区别在于是否带梗，闽南乌龙成品茶极少有带梗的，但台湾乌龙通常带茶梗。

闽北乌龙和广东乌龙主要呈条索形，广东乌龙沿袭闽北乌龙的加工方法和传统，但广东乌龙条索挺直，闽北乌龙条索扭曲。

◆ 红茶（black tea）

红茶是全发酵茶，因其干茶冲泡后的茶汤和叶底色呈红色而得名。

世界上最早的红茶由中国明朝时期福建武夷山茶区的茶农发明并制作而成，名为"正山小种"。

红茶的分类方法主要有以下六种：

1）按原茶叶片分类

按照叶片的大小来分类茶树树种，可将世界上所有的茶树分为特大叶种、大叶种、中叶种和小叶种四大类，其中特大叶种的茶树比较罕见，几乎可以忽略不计，因此常见的制作红茶的茶树通常为大叶种、中叶种和小叶种。

（1）大叶种红茶

所谓"大叶种"茶树是指成熟后的茶叶叶片长度在10厘米以上的茶树，以大叶种茶树的茶叶制作出来的红茶就称为"大叶种红茶"，其中比较著名的有印度阿萨姆红茶和我国云南出产的滇红工夫茶等。

（2）中叶种红茶

中叶种茶树的叶片长度为5~10厘米，最著名的是我国的祁门红茶。

（3）小叶种红茶

小叶种茶树的叶片成熟之后通常长度小于5厘米，这种茶叶最大的特点就是高香浓郁，以我国的正山小种和印度大吉岭红茶为代表。

2）按产地分类

目前世界上最知名的红茶以四大品种为主。

（1）中国祁门红茶

祁门红茶,简称祁红,产于中国安徽省西南部黄山支脉区的祁门县一带,那里气候温和、雨水充足、日照适度,且当地的茶树植于肥沃的红黄土壤中,品种高产质优,所以生叶柔嫩且内含水溶性物质丰富,又以8月所采收的品质最佳。

（2）印度大吉岭红茶

大吉岭红茶,产于印度西孟加拉省北部喜马拉雅山麓的大吉岭高原一带。大吉岭红茶拥有高昂的身价,该茶以5—6月的二号茶品质最优,被誉为"红茶中的香槟",其汤色橙黄,气味芬芳高雅,上品茶带有葡萄香,口感细致柔和。

（3）斯里兰卡乌沃茶

锡兰高地红茶以乌沃茶最著名,乌沃茶产于斯里兰卡山岳地带的东侧,那里常年云雾弥漫,由于冬季(11月至次年2月)吹送的东北季风带来较多的雨量,不利于茶园生产,所以以每年7—9月采收的茶品质最优。

（4）印度阿萨姆红茶

阿萨姆红茶,产于印度东北阿萨姆喜马拉雅山麓的阿萨姆溪谷一带。当地日照强烈,雨量充沛,促进热带性的阿萨姆大叶种茶树蓬勃生长。其中,以6~7月采摘的品质最优,但10~11月产的秋茶较香。阿萨姆红茶,茶叶外形细扁,呈深褐色,汤色深红稍褐,带有淡淡的麦芽香、玫瑰香,滋味浓,属烈茶,适合冬季茶饮。

3）按香气分类

世界三大高香红茶分别是印度大吉岭红茶、锡兰红茶和中国祁门红茶。

（1）印度大吉岭红茶

大吉岭红茶是小叶种茶树,外形条索紧细,白毫显露,香高味浓,香气属高香类,被称为麝香、葡萄香味茶,且香气比较持久,滋味甘甜柔和,汤色清澈明亮、橙黄红艳,令人赏心悦目。

（2）锡兰红茶

锡兰红茶主要品种有乌沃茶或乌巴茶、汀布拉茶和努沃勒埃利耶茶几种。

（3）中国祁门红茶

祁门红茶成品条索紧细苗秀、色泽乌润、金毫显露、汤色红艳明亮、滋味鲜醇酣厚、香气清香持久,以其独特的"祁门香"(似花、似果、似蜜)闻名于世,位居世界三大高香红茶之首。

4）按外形分类

制成的红茶根据外形可分为条形茶和碎形茶两大类。

条形茶是将采摘后的原茶经揉捻成型后制作而成,适合以壶泡方式冲泡;碎形茶则需要将原茶经过"切""撕""揉",形成碎片或颗粒,甚至粉末后,再进一步加工制作而成,通常被做成冲泡便利的袋泡茶,适合讲求速度的现代社会。

5) 按是否拼配分类

为丰富或改善某种红茶的风味和特点,人们经常将两种或两种以上单一品种的红茶按照一定比例拼配在一起,这种经过拼配后制成的红茶称为拼配茶(blended),而未经过拼配的单一品种的红茶则称为非拼配茶(non-blended)。

著名的英国下午茶通常就是以印度阿萨姆红茶、锡兰红茶和肯尼亚红茶拼配而成。

6) 按口味分类

在红茶的制作和饮用过程中,人们根据特定的饮用习惯和口味,将一些辅助性的香料、酒、香味或甜味剂、水果、花、香草甚至草药加入红茶,演化出不同口味和风格的红茶品种,这种添加了改变茶叶原味的辅料的红茶称为"调味茶"或"加味茶",而那些没有添加过辅料的原味红茶则称为"非调味茶"或者"原味茶"。

著名的英国伯爵茶就是在单一红茶中加入了佛手柑精油及其他水果制成的,印度的阿萨姆奶茶和我国的岭南荔枝红茶也属于典型的调味红茶。

◆ 黑茶(dark tea)

黑茶一般原料较粗老,加之制造过程中堆积发酵时间往往较长,因而成品茶的外观叶色呈油黑或黑褐色,故而得名。黑茶属于后发酵茶,主产区有四川、云南、湖北、湖南、陕西、安徽等地。

黑茶按地域划分,主要分类为湖南黑茶(千两茶、黑砖茶、三尖等)、湖北青砖茶、四川藏茶(边茶)、安徽古黟黑茶(安茶)、云南黑茶(普洱茶)、广西六堡茶及陕西黑茶(茯茶)等。

黑茶品种可分为紧压茶与散装茶及花卷三大类,紧压茶为砖茶,主要有茯砖、花砖、黑砖、青砖茶,俗称"四砖",散装茶主要有天尖、贡尖、生尖,统称为"三尖",花卷茶有十两、百两、千两等。

2. 再加工茶类

以基本茶类——绿茶、红茶、乌龙茶、白茶、黄茶、黑茶为原料,经再加工制成的产品称为再加工茶,包括花茶、紧压茶、萃取茶、果味茶和药用保健茶等,分别具有不同的口味和功效。

◆ 花茶

花茶是利用茶叶的吸附性,使茶叶吸收花香制成的,有茉莉花茶、珠兰花茶、白兰花茶、玫瑰花茶、桂花茶等。窨制花茶的茶坯主要是烘青绿茶及少量细嫩的炒青绿茶。加工时,将茶坯及正在吐香的鲜花一层层地堆放,使茶叶吸收花香,待鲜花的香气被吸尽后,再换新的鲜花按上法窨制。

花茶香气浓郁,饮后给人以芬芳之感,特别受到我国华北和东北地区人们的喜爱,近年来还远销海外。

茉莉花茶是花茶中产销量最大的品种,产于众多茶区,其中以福建福州宁德和江苏苏州所产的品质最好。

◆ 紧压茶

各种散茶经加工蒸压成一定形状而制成的茶叶叫作紧压茶。紧压茶分为绿茶紧压茶、红茶紧压茶、乌龙紧压茶、黑茶紧压茶、白茶紧压茶等。

现代的紧压茶以制成的绿茶、红茶或黑茶的毛茶为原料,蒸压成圆饼形、正方形、砖块形、圆柱形等形状,其中以用黑茶制成的紧压茶为大宗。

紧压茶主要产区有湖南、湖北、四川、云南、贵州等省,主要销往新疆、内蒙古、甘肃等地,是少数民族不可缺少的饮品。

◆ 萃取茶

萃取茶是以成品茶或半成品茶为原料,用热水萃取茶叶中的可溶物,过滤去茶渣获得的茶汁,有的经浓缩、干燥,制成固态或液态茶,统称为萃取茶。

萃取茶主要有罐装饮料茶、浓缩茶、速溶茶及茶膏等。

◆ 果味茶

顾名思义,果味茶就是有果味的茶。现在市场上的果味茶有含茶果味茶、不含茶果味茶和花果茶。

(1)含茶果味茶

含茶果味茶是利用红、绿茶提取液和果汁为主要原料,再加糖和天然香料经科学方法调制而成的一种新型口味饮料,如荔枝红茶、柠檬红茶、猕猴桃茶、鲜橘汁茶、椰子茶、山楂茶等。

(2)不含茶的果味茶

不含茶的果味茶是指以果汁为主要原料,其中并不含茶叶成分,却冠以“茶”名的饮料,如冬瓜茶等。

(3)花果茶

酸甜美味的水果,加上漫柔多情的花草,共同烘干就形成了喝起来温馨香甜的花果茶。红莓果、蓝莓果、玫瑰和紫罗兰是花果茶的“常客”,当然搭配的花果不同,滋味、色泽也就大相径庭。苹果和柠檬往往独树一帜,成为单品的果味茶。

◆ 药用保健茶

药用保健茶是以茶为主,配有适量中药,既有茶味,又有轻微药味,并有保健治疗作用的饮品。

此外,菊花、苦丁、玫瑰花等植物都不是茶,但由于其特殊的健康功能,人们习惯上将这些能够饮用的植物也称为茶。有些植物的根、茎、叶、花、果经过加工后可单独泡饮,也可调配一些茶叶,饮用后能调节人体机能,起到预防疾病和保健的作用。

知识
链接

中国名茶

名茶是指有一定知名度的好茶,通常有优异的色香味、独特的外形和优异的品质。名茶的形成需要具备的条件包括:有历史渊源;有人文底蕴;地理条件良好;茶树品种良好;标准采摘;制茶工艺独特。所以,名种、名树生名茶,名山、名寺出名茶,名人、名家创名茶,名水、名泉衬名茶,名师、名技评名茶。我国历代名茶层出不穷,但如要长久不衰,既要有独特而优异的品质风格,还要得到社会消费者的认可。

一、历史名茶

我国历代名茶品目多达数百上千种,但长久不衰,至今仍有一定生产数量和市场的不过百余种,有些名茶只不过是在某一历史阶段知名。下面介绍的各朝代典型的历史名茶,或是贡茶,或曾生产出品质优异的好茶,或曾获得文人雅士好评。

1. 唐代名茶

据唐代陆羽《茶经》和唐代李肇《唐国史补》等历史资料记载,唐代名茶计有50余种,大部分都是蒸青团饼茶,少量是散茶。

《茶文化简史》一文记录:"唐代名茶,首推蒙顶茶,其次为湖、常二州的紫笋茶,其他则有神泉小团……渠江薄片等。"渠江薄片为唐代名茶,有史记录的生产直至宋代。蒙顶石花又名蒙顶茶,产于剑南雅州名山(现四川雅安蒙山顶)。顾诸紫笋又名顾诸茶、紫笋茶,产于湖州(现浙江长兴)。

2. 宋代名茶

宋代全国范围内出产茶叶200多个品种,其中以皇家的贡茶最具有代表性。北宋王朝初立,宋帝设立茶局,派重臣督造皇家御茶,他们最终选定福建建州凤凰山北苑贡茶为皇家御茶,掀开了中国茶叶史上新的篇章。据记载,皇家贡茶"龙团凤饼"为宋真宗时期宰相丁谓所创,小"龙团凤饼"是宋四大书法家之一的福建转运史蔡襄所造。宋徽宗年间,郑可简改制的"龙团胜雪"成为中国制茶史上的一个神话。

3. 元代名茶

据元代马端临《文献通考》和其他有关文献资料记载的元代名茶有几十种。头金、骨金、次骨、末骨、粗骨产于建州(现福建建瓯)和剑州(现福建南平)。泥片产于虔州(现江西赣县)。绿英、金片产于袁州(现江西宜春)。早春、华英、来泉、胜金产于歙州(现安徽歙县)。

4.明代名茶

明代开始废团茶兴散茶,蒸青团茶虽仍有,但蒸青和炒青的散芽茶渐多。据顾元庆《茶谱》(1541年)、屠隆《茶笺》(1590年前后)和许次纾《茶疏》(1597年)等记载,明代名茶计有50余种。蒙顶石花、玉叶长春产于剑南(现四川雅安地区蒙山)。顾渚紫笋产于湖州(现浙江长兴)。碧涧、明月产于峡州(现湖北宜昌)。火井、思安、芽茶、家茶、孟冬、銕甲产于邛州(现四川温江地区邛县)。

5.清代名茶

在清朝近300年的历史中,除绿茶、黄茶、黑茶、白茶、红茶外,还产生了乌龙茶。清朝的名茶中有些是明朝流传下来的,如武夷岩茶、西湖龙井、黄山毛峰、徽州松萝等。有些是新创造的,如苏州洞庭碧螺春、岳阳君山银针、南安石亭豆绿、宣城敬亭绿雪、绩汐金山时雨、径县涌汐火青、太平猴魁、六安瓜片、信阳毛尖、紫阳毛尖、舒城兰花、老竹大方、安溪铁观音、苍梧六堡、泉岗辉白和外销"祁红""屯绿"等,在这些名茶中有我国至今还保留着的传统名茶。

二、现代名茶

我国现代名茶有数百种之多,根据其历史分析,有下列三种情况。

传统名茶:如西湖龙井、庐山云雾、洞庭碧螺春、黄山毛峰、武当道茶、太平猴魁、恩施玉露、信阳毛尖、六安瓜片、屯溪针眉、老竹大方、桂平西山茶、君山银针、云南普洱茶、苍梧六堡茶、政和白毫银针、白牡丹、安溪铁观音、凤凰水仙、武夷岩茶、祁门红茶等。

恢复历史名茶:如休宁松萝、涌溪火青、敬亭绿雪、九华毛峰、龟山岩绿、蒙顶甘露、仙人掌茶、天池茗毫、贵定云雾、青城雪芽、蒙顶黄芽、阳羡雪芽、鹿苑毛尖、霍山黄芽、顾渚紫笋、径山芽、雁荡毛峰、日铸雪芽、金奖惠明、金华举岩等。

新创名茶:如婺源茗眉、南京雨花茶、无锡毫茶、毛山青峰、天柱剑毫、岳西翠兰、齐山翠眉、望府银毫、临海蟠毫、千岛玉叶、遂昌银猴、都匀毛尖、高桥云峰、雪芽、雪青、仙台大白、早白尖红茶、黄金桂、秦巴雾毫、汉水银梭、八仙云雾、南糯白毫、午子仙毫等。

(二) 茶叶的制作工艺

中国制茶历史悠久,古人自发现野生茶树的功效后,即开始制作茶叶,经过实践的不断积累,经历了从生煮羹饮到茶饼再到散茶的发展,茶叶的品种从单一的绿茶发展到多茶类,制作的过程也从手工制作发展到机械化采茶制茶。

成品茶的品质一方面受茶树品种、鲜叶原料和采摘时机等因素的影响,另一方面受加工方法和制作工艺的影响,从古至今人们都在探索茶叶的生产和制作工艺。

1. 茶叶的采摘

从茶树新梢上摘取芽叶,有手采和机采两种方法,我国主要采用手采。

手工采茶要求提手采,这样可以保持芽叶完整、新鲜、匀净,不宜将采、抓采或掐采,有时为了提高手采的效率,可双手采。

2. 制茶工艺的发展历史

◆ 生吃咀嚼

茶之为用,最早是从咀嚼茶树的鲜叶开始的。

唐代陆羽的《茶经》上说,古人的吃茶法是"伐而掇之",即将茶树枝砍下摘取嫩叶,然后把未经任何加工的生叶煎服或放到火上烤食。这种吃茶之法虽有些粗蛮,但那馥郁的香味及迅速消除疲劳、解除毒素的功效,使其在当时得以广泛推行。

◆ 生煮羹饮

新鲜的茶叶是可以直接嚼食的,但干的茶叶不易下咽,且解毒效果较慢,于是人们就发明了水煮的饮茶法。生煮,类似现代的煮菜汤,如云南基诺族至今仍有吃"凉拌茶"的习俗,即先将鲜叶揉碎放入碗中,加入少许黄果叶、大蒜、辣椒和盐等作配料,再加入泉水拌匀。羹饮,即煮茶作羹,饮茶如喝汤吃菜,连汁带叶一起下肚,可以想象羹饮吃茶法之苦涩。

◆ 晒青工艺

因为受季节、交通工具、地域等因素的影响,先人们不能随时随地采到茶叶,存贮新鲜的茶叶又容易腐烂发霉,于是人们就利用太阳把茶叶晒干。三国时,魏国已经开始对茶叶进行简单加工,人们将新采来的鲜茶叶用米膏调制成团,做成饼形,经过晾晒或烧烤,制成可以长期保存的茶饼,随时取作饮用、食用或药用等,这可以说是中国制茶工艺的开端。

◆ 蒸青工艺

经晒青工艺初步加工的饼茶仍有很浓的青草味。经反复实践,先民们发明了蒸青制茶,即将茶的鲜叶蒸后碎制,饼茶穿孔,贯串烘干,去其青气,但仍有苦涩味,于是又通过洗涤鲜叶,蒸青压榨,去汁制饼,使茶叶的苦涩味大大降低。唐代的蒸青工艺主要用来制作蒸青饼茶。

中唐之后,采叶蒸青作饼的制茶工艺逐渐完善,陆羽《茶经·三之造》记述:"晴,采之,蒸之,捣之,拍之,焙之,穿之,封之,茶之干矣。"即此时完整的蒸青茶饼制作工序为蒸茶、解块、捣茶、装模、拍压、出模、列茶晾干、穿孔、烘焙、成穿、封茶。

到了宋代,蒸青制茶主要有两种方式:一是蒸青饼茶;二是蒸青散茶。散茶就是蒸青后直接烘干,呈松散状。宋朝后期,主要以蒸青散茶为主。

◆ 炒青技术

相比于饼茶和团茶,茶叶的香味在蒸青散茶中得到了更好的保留,然而,使用蒸青方法,依然存在香味不够浓郁的缺点,于是出现了利用干热发挥茶叶优良香气的炒青技术。

炒青绿茶唐代已有之,经唐、宋、元三朝的发展逐渐增多,到了明代,炒青制法日趋完善,在《茶录》《茶疏》《茶解》中均有详细记载。其制法大体为高温杀青→揉捻→复炒→烘焙至干,这种工艺与现代炒青绿茶制法非常相似。

3. 影响茶叶品质的因素

在茶叶的制作方法上,影响茶叶品质的主要因素是发酵、揉捻、焙火和精制。

◆ 茶的发酵

从茶树上摘下来的嫩茶叶称为"茶青",也就是鲜叶。茶青摘下来之后,首先要让它散发一些水分,称为"萎凋",然后就是发酵。发酵是指茶青和空气接触产生氧化的作用,它与一般所说的发酵是不同的,其实是叶子的"渥红"作用。茶青"渥红"的过程,是影响茶叶品质的关键。

同时,发酵也影响茶叶的香气,发酵程度不同,茶叶香气种类和风味也有所不同。不发酵的绿茶呈菜香,即天然新鲜的香气;全发酵的红茶呈麦芽糖香;半发酵的乌龙茶香气丰富,从花香、果香到熟果香都有。

◆ 茶的揉捻

揉捻是把叶细胞揉破,使得茶所含的成分在冲泡时容易溶入茶汤中,并塑造出所需的茶叶形状。干茶的外形有条索形、半球形、全球形和碎片状几种。一般来说,干茶的外形越是紧结就越耐泡,并且在冲泡时,为使茶香完全溶出,应该用温度高一点的水冲泡。

◆ 茶的焙火

茶青经过萎凋、发酵、杀青、揉捻、干燥等制造工序后制成的茶称为"初制茶"或者"毛茶",这样的茶品质并不稳定,初制茶必须再经过焙火和精制的过程,才算完全制成。

焙火就是茶叶制成之后用火慢慢地烘焙,使得茶叶从清香转为浓香。焙火和发酵对于茶叶所产生的作用不同,发酵影响茶汤颜色的深浅,焙火则关系到茶汤颜色的明亮度。焙火愈重,茶汤颜色愈暗,茶的风味也因此变得更老沉。

焙火影响到茶叶的品质特性,焙火愈重,则咖啡碱与茶单宁挥发的愈多,刺激性也就愈小,所以喝茶会睡不着觉的人,可以喝焙火较重、发酵较重的熟茶。

◆ **茶的精制**

（1）高级茶的精制

这里所谓的高级茶是指人工采摘，或虽用机器采摘，但经人工检验，初制完成后，除筛掉细末、捡掉粗片、进行枝叶分离外，最重要的是放几天以后再次干燥，也就是覆火。

（2）普及型茶叶的精制

这类茶几乎都是用机器采青，制造过程也大量依赖自动化设备，初制完成后，必须经过筛分（按外形大小筛分成粗、中、细不同的规格）、剪切（将太粗的叶片剪成所需的规格）、拔梗（挑掉茶枝）、整形（使外观更加规格化）、风选（将细末粗片吹掉）等过程。

（3）后发酵茶的精制

后发酵茶渥堆干燥以后分成散形茶与再经紧压的块状茶，这些茶的精制是指陈放。这些茶若只是粗制完成，其价值不高，必须经过长时间（5~8 年或 20~30 年）的陈放，茶质才提升至更好的境界。

4. 现代茶叶的制作工艺

不同类的茶叶加工方法不同，制茶过程的加工方法主要有以下工艺流程（见表1-2）。

表1-2　现代制茶工艺

制茶 主要流程	制茶工艺
采摘	1. 采摘是用食指与拇指挟住叶间幼梗的中部，借两指的弹力将茶叶摘断； 2. 不同的茶采摘部位也不同，有的采一个顶芽和芽旁的第一片叶子，叫一芽一叶；有的多采一叶，叫一芽二叶；也有的一芽三叶； 3. 可使用人工采茶和机器采茶两种方式，机器采摘最大的缺点就是叶形不完整，导致极大的浪费，因此很多高端茶叶的采收方式以人工采摘为主。
萎凋	1. 采摘的鲜叶或于日光下摊晒，或利用机器进行热风萎凋，使茶青水分适度蒸散，减少细胞水分含量，降低其活性； 2. 经过萎凋的茶青色泽由原先的青绿色转为暗绿色，叶片变软后放置室内继续萎凋。
杀青	1. 茶青萎凋至适当程度可以用高温将茶叶晒、烘、蒸或炒，破坏有发酵作用的酶的活性； 2. 杀青可除去鲜叶中的青涩味，使茶叶香气逐渐形成。
发酵	1. 茶叶内的细胞丧失部分水分后，所含成分与空气接触而氧化，便是发酵的过程； 2. 茶叶有不发酵、半发酵和全发酵之分，当茶叶发酵达到所需程度时，发酵过程便可停止，茶叶不同的发酵程度决定了成茶的不同风味； 3. 叶缘细胞消水后，如搅拌不慎或过于用力，使叶缘先行变红，导致叶片内的细胞无法顺利送出水分进行发酵，茶叶泡起来会有苦涩味，所以制茶中力道和方法非常重要。

制 茶 主要流程	制茶工艺
揉捻	1. 为了使茶叶中的成分容易借水滋出,将茶叶置入揉捻机内或手工揉捻,使其滚动并形成卷曲状; 2. 由于受到揉压,部分汁液被挤出而黏附于表面,这样在冲泡时便更容易溶解于茶汤之中; 3. 不同茶叶的揉捻程度是不一样的,一般重复的次数越多,茶叶越紧实; 4. 茶叶经揉捻后会形成条索形、扁平形、半球形、球形等不同的形态。
渥堆	1. 合理确定渥堆茶的数量:渥堆茶数量多少、堆的大小高低,关系到"发酵"茶的温度、微生物种群及数量、茶堆透气性、茶叶多酚类物质转化的速度和程度; 2. 掌握好翻堆时间:翻堆是黑茶发酵中人为调节茶堆温度、湿度、空气等的主要手段,也是控制发酵进程的重要措施。
干燥	1. 干燥是利用干燥机以热风烘干揉捻后的茶叶,使茶叶体积缩小,便于贮藏和运销; 2. 为了使茶叶含水量低于5%,并使内外干燥一致,常采用二次干燥法,先使其达到七八成干燥,然后取出回潮,再进行第二次干燥。
精制	1. 对茶叶进行筛选和分类,使茶叶的品质趋于同级化,因为外观是消费者选购茶叶的重要参考依据; 2. 将茶梗等杂物剔除,可以用整形机加工处理。
焙火	1. 烘焙是决定香气与滋味的关键,正确的烘焙方法可显著提高茶叶的品质与欣赏价值; 2. 焙火可降低茶叶的水分含量,减缓茶叶品质变劣的速度,是改善或调整茶叶的香气、滋味、茶汤、水色的重要程序,可以补救粗制过程中的缺陷并将茶叶调制成迎合市场需求的品质; 3. 烘焙可分为轻火、中火和重火三种,烘焙的效果受粗制茶的季节、产地、加工技术、新陈、条索以及烘焙器具、热源、温度高低、时间长短等的影响。
熏花	1. 熏花是制作花茶的重要工序,由于茶叶具有吸附性,因此可以在茶叶中掺入茉莉、桂花、菊花等鲜花,让茶叶充分吸收鲜花的香气,然后再将干花剔除; 2. 高级花茶对于干花品质要求较高,并且要反复熏制数次,次数越多,茶叶所带的花香越浓。

六大茶类的主要加工工艺流程如下:

绿茶的加工工艺包括杀青→揉捻→干燥三道工序,其中最关键的工艺在于杀青。

白茶的基本加工工艺包括萎凋→干燥两道工序,其中萎凋是形成白茶品质的关键工序。

黄茶的加工工艺包括杀青→揉捻→闷黄→干燥四道工序,黄茶的制作与绿茶很相似,不同点是多一道闷黄工序。

乌龙茶的加工工艺包括晒青→晾青→摇青→杀青→揉捻→干燥六道工序,其中

上篇 茶文化

摇青是关键。

红茶的加工工艺包括萎凋→揉捻→发酵→干燥四道工序,制作过程不经杀青,而是直接萎凋、揉切,然后进行完整发酵,使茶叶中所含的茶多酚氧化成为茶红素。

黑茶的加工工艺包括杀青→揉捻→渥堆→干燥四道工序,其中渥堆工艺是制作黑茶时所特有的。

知识点  茶叶的品质与鉴别

中国茶叶的类别繁多,主要分为六大茶类:绿茶、白茶、黄茶、乌龙茶、红茶和黑茶。消费者选择好茶类后,应注意辨别茶叶的品质。

(一)茶叶品质优劣的主要特征

按茶叶品质的优劣,通常将茶叶分为优质茶、正品茶、次品茶与劣质茶四种。

1. 优质茶的特征

绿茶:外形美观,锋苗完整,白毫满披,色泽翠绿,香气鲜爽持久,滋味鲜醇,汤色绿明,叶底嫩绿匀齐。

白茶:茶毫完整,满身披毫,毫香清鲜,汤色清中显绿,滋味清淡回甘。

黄茶:黄叶黄汤,香气清悦,滋味醇厚。

乌龙茶:外形紧结重实,沙绿润泽,花香馥郁,汤色金黄明亮,滋味醇厚,鲜爽回甘,韵味十足。

红茶:外形匀齐、紧结,色泽乌润,香高,滋味浓强,有"冷后浑"现象,汤色叶底红亮。

黑茶:色泽黑而有光泽,汤色橙黄而明亮,滋味醇和而甘甜。

2. 正品茶的特征

绿茶:绿叶清汤,香气正常。

白茶:汤色灰绿清亮,味鲜毫香。

黄茶:黄叶黄汤,香气正常。

乌龙茶:绿叶红镶边,汤色金黄或橙红,清澈,并有特殊韵味。

红茶:汤色红亮,甜醇,香气正常。

黑茶:陈香纯正,汤色深红,滋味醇厚。

3. 次品茶和劣质茶的特征

污染程度轻或经过相应的措施处理后,能得到改善的茶叶,称为次品茶。有严重

的烟、焦、馊、酸、霉、日晒味及其他异味,尤其是染上有毒物质,会对人体造成危害的茶叶,均称为劣质茶。

(二) 茶叶的感官鉴别

茶叶质量的感官鉴别包括条索、嫩度、色泽、净度四项指标,这四项指标能反应原料鲜叶的老嫩程度和制茶工艺是否恰当。

1. 茶叶条索的感官鉴别

条形外形的茶叶称为条索。观察茶叶条索的紧松、曲直、匀整、轻重,条索粗大轻飘的为质量差。

各类茶叶外形特征如下:红茶、绿茶、花茶以条索紧细、圆直、均匀、重实者为好,粗松开口者为差;扁形茶以条索扁平、挺直为好;乌龙茶以条索肥壮、紧细、质量均匀者为好;黑茶要求外形完整,表面、边角整齐光滑,无龟裂,无掉面,无残缺,厚重均匀,无茶梗露出,压印端正清晰。

2. 茶叶嫩度的感官鉴别

嫩度是指茶叶芽头多少、叶质老嫩、条索的光润度和峰苗的比例。茶叶芽叶多,叶质细嫩,峰苗多者嫩度好。嫩度鉴别主要依靠手指触觉,方法是将浸泡过的湿叶倒在盘子里排平,柔软、肥厚、细嫩、细紧的为好,粗老、粗松、瘦薄的为差。

3. 茶叶色泽的感官鉴别

色泽是指茶叶的颜色和光泽。色泽调和一致,明亮光泽,油润鲜活的茶叶质量较好;色泽较杂,枯暗无光的茶叶质量较差。

4. 茶叶净度的感官鉴别

净度是指茶叶中杂质含量的多少。茶叶中的杂质有两类:一是茶类杂质(籽、片、末等);二是非茶类杂质(杂草、树叶等)。正品茶叶中不允许夹杂任何杂质,副品茶叶中不能含有非茶叶杂质。

(三) 茶叶的内质鉴定

1. 香气的鉴定

香气鉴定是指用嗅觉来评审香气的纯正度、强弱和持久度,以及是否有烟、焦、霉味或者其他异味。鉴定香气时不要把杯盖完全打开,而是要半开半掩,闻后仍旧盖好。先热嗅,主要嗅香气的高低,分辨是新茶还是陈茶,有无烟熏或霉味;再温嗅,主要辨别香气的强弱,有无特殊的香气;最后冷嗅,主要看香气是否持久、有无异味等。

2. 汤色的鉴定

汤色主要是指茶叶内含物被热水冲泡出来的茶汤所呈现的色泽。茶叶的汤色主要取决于茶多酚和叶绿素的变化。红茶的汤色以红鲜明亮者为优,绿茶的汤色以碧绿清澈者为优,乌龙茶的汤色以橙黄明亮者为优,花茶的汤色以浅黄色明亮者为优。

3. 滋味的鉴定

滋味是指茶叶经热水冲泡后,大部分可溶性有效成分进入茶汤后形成的味道。茶汤的滋味是茶多酚、咖啡碱、氨基酸、糖类等多种成分的综合反映。鉴定茶叶的滋味主要是辨别茶汤滋味的浓淡、强弱、鲜爽、醇和、甜苦等。

鉴定方法:从茶碗里舀一匙茶汤送入口中,不要直接咽下,用舌头在口腔内打转 2~3 次,质量好的茶叶,茶汤入口后稍有苦涩之感,但很快就有回甜清爽或醇厚的感觉。

4. 叶底的鉴定

叶底是指浸泡后的茶叶,它能反映茶叶原料的老嫩、色泽、均度。如质量好的红茶,叶底细嫩、多芽、红艳,具铜板色,明亮;质量好的绿茶,叶底细嫩、整齐,叶肉厚而柔软,有明亮的橄榄色;质量好的乌龙茶,叶底为绿叶红镶边,其叶脉、叶缘部分为红色,其余部分为绿色,叶肉厚软。

(四) 新茶与陈茶的鉴别

1. 观茶叶外观

新茶色泽鲜亮,陈茶色泽暗淡。一般来说,绿茶的色泽青翠碧绿,汤色黄绿明亮;红茶则色泽乌润,汤色红橙泛亮。而陈茶在光、气、热的作用下,会慢慢发生氧化或分解,使色泽变得暗淡无光,随着茶褐素的增加,茶汤变色,失去原有的色泽。

新茶较干,陈茶较湿。新茶含水量较低,比较干,而陈茶因储放较久,含水量增高。用手捏一下茶叶,新茶能捏成粉末且茶梗易折断,而陈茶柔软,不能捏成粉末且茶梗不易折断。

2. 闻茶叶香气

新茶香味新鲜浓郁,旧茶香味较淡。茶叶在储藏过程中,所含成分会慢慢挥发氧化,茶叶的香气也会由高变低,香气会由新茶时的清香馥郁变得低闷混浊。

3. 品茶叶滋味

新茶味道醇厚鲜爽,旧茶淡而不爽。在品茶时,新茶的味道鲜而厚,而陈茶会有一股明显的陈旧感且味道较淡。

(五) 高山茶与平地茶的鉴别

一般茶树生长在海拔 800 米以上的被称为高山茶，生长在海拔 100 米以下的被称为平地茶，而生长在二者之间的则被称为丘陵茶。

高山茶新梢肥壮，色泽翠绿，茸毛多，节间长，鲜嫩度好，由此加工而成的茶叶，往往具有特殊的花香，而且香气高，滋味浓，耐冲泡，且条索肥硕、紧结、白毫显露。而平地茶的新梢短小，叶底硬薄，叶张平展，叶色黄绿少光，由此加工而成的茶叶，香气稍低，滋味较淡，条索细瘦，身骨较轻。在上述众多的品质因子中，差异最显著的是香气和滋味。平常茶人所说的某茶"具有高山茶的特征"，通常是指高香、浓味两项特征。

(六) 普洱生茶与普洱熟茶的鉴别

普洱茶按发酵程度的不同分为普洱生茶和普洱熟茶两种，区别见表 3-1。

表 3-1 普洱生茶和熟茶的区别

项 目	生茶 (生饼/砖/沱或青饼)	熟茶 (熟饼/砖/沱)
外观颜色 (以饼茶香气为例)	茶饼中茶叶以青绿、墨绿色为主，有部分转为黄红色、白色的一般为芽头，由毫香、青草香、清香等慢慢转换为蜜香、木香、陈香茶	茶饼中茶叶颜色为黑或红褐色，有些芽茶则是暗金黄色，有浓浓的渥堆味，发酵轻者有类似龙眼的味道，发酵重者有闷湿的草味
制作工艺	云南大叶种茶树的晒青毛茶，经筛选、分级后直接制成的各类散茶和紧压茶	云南大叶种茶树的晒青毛茶，经过人工渥堆发酵工艺处理，再经过筛选、分级后制成的各类散茶和紧压茶
茶性	微寒	温性
汤色	青黄色或金黄色，较透亮	栗红色或暗红色，微透亮
口感	口感强烈，茶气足，茶汤清香，苦而带涩，但好的茶苦能回甘，涩能生津	基本无苦涩感，入口醇厚、绵软，回甘、生津自然，新茶有堆味，略带水味
叶底	新制茶品以黄绿色、暗绿色为主，活性高，较柔韧，有弹性，无杂色，有条有形，展开仍保持整叶状的为好茶(当然不是主要依据，应根据茶叶产地、种类不同而定)	渥堆发酵度轻者叶底是红棕色但不柔韧，重发酵者叶底多呈深褐色或黑色，硬而易碎
注意事项	胃寒等胃病患者勿空腹喝，且要少喝(老生茶除外)	出汤要快，注意不要泡成酱油色

（七）真茶与假茶的鉴别

1. 看

真茶叶缘呈锯齿状,有 16 至 32 对齿,叶端呈凹形,其嫩梗呈扁圆形,叶背有白绒毛,外形条索紧细,细嫩茶叶含筋梗,干净均匀。假茶则无上述明显特征,颜色枯滞。

2. 烧

取茶叶数片,用火点燃,真茶叶有馥郁芳香,用手指捏碎灰烬细闻,可闻到茶香。假茶叶燃烧后有异味而无茶香。

3. 泡

取待辨茶叶和真茶叶各一小撮,分别用热水冲泡两次,每次泡 10 分钟,等叶子充分泡开后,分别放在两个白瓷清水盘中,仔细观看叶形、叶脉、锯齿等特征。真茶叶具有明显的网状叶脉,叶背有白色茸毛,叶边缘锯齿显著,基部锯齿稀疏。假茶叶的叶脉不明显,有的两面都有白茸毛。

知识点 四 | 茶的功效与储藏

（一）茶叶中的元素

1. 茶叶中的主要活性成分

茶叶中具有一定生物活性的成分称为茶活性因子。目前为止,茶叶中经过分离鉴定的已知化合物约有 500 种,其中有机化合物 450 种以上。茶叶中的活性成分主要有茶多酚、蛋白质、氨基酸、咖啡碱、茶多糖等。

◆ 茶多酚

茶多酚是茶叶多酚类物质及其衍生物的总称,并不是一种物质,因此常称为多酚类物质,占干物质总量的 20%~35%,其中儿茶素类化合物为茶多酚的主体成分,占茶多酚总量的 65%~80%。

茶多酚是形成茶叶色、香、味的主要成分之一,也是茶叶中有保健功能的主要成分之一。

◆ 蛋白质

茶叶中的蛋白质含量占干物质总量的 20%~30%，但能溶于水直接被利用的蛋白质仅占 1%~2%，这部分水溶性蛋白质是形成茶汤滋味的成分之一，既保持了茶汤的清凉感和茶汤胶体的稳定性，又促进了茶汤滋味的浓厚度。

◆ 氨基酸

氨基酸是使茶汤滋味鲜爽的呈味物质。茶叶中的氨基酸一半以上是茶氨酸，茶氨酸是茶叶中特有的氨基酸。

◆ 生物碱

茶叶中的生物碱包括咖啡碱、可可碱和条碱，其中又以咖啡碱的含量最多（占总量的 2%~5%），其他生物碱含量甚微，因此茶叶中的生物碱含量常以咖啡碱的含量为代表。咖啡碱易溶于水，是形成茶叶滋味的重要物质。

◆ 有机酸

茶叶中有机酸种类较多，含量约为干物质总量的 3%。茶叶中的有机酸是香气的主要成分之一，现已发现茶叶香气成分中有机酸种类约有 25 种，有些有机酸本身虽无香气，但经氧化后可转化为香气成分，如亚油酸等；有些有机酸是香气成分的良好吸附剂，如棕榈酸等。

◆ 茶多糖

茶多糖是一种酸性糖蛋白，结合有大量的矿物质元素，称为茶叶多糖复合物，简称茶叶多糖或茶多糖。茶多糖由糖类、蛋白质、果胶和灰分等物质组成，老叶中的含量比嫩叶多。

◆ 无机化合物

茶叶中无机化合物占干物质总量的 3.5%~7.0%，分为水溶性和非水溶性两部分。

◆ 色素

茶叶中的色素包括脂溶性色素和水溶性色素两类，含量仅占茶叶干物质总量的 1%左右。脂溶性色素不溶于水，有叶绿素、叶黄素、胡萝卜素等。水溶性色素有黄酮类物质、花青素及茶多酚氧化产物茶黄素、茶红素和茶褐素等。

◆ 芳香物质

茶叶中的芳香物质是茶叶中挥发性物质的总称。茶叶中芳香物质的含量并不高，一般鲜叶中含 0.02%，绿茶中含 0.005%~0.02%，红茶中含 0.01%~0.03%。

◆ 酶类

酶是一种蛋白体，在茶树生命活动和茶叶加工过程中，酶参与一系列由酶促活动引起的化学变化，故又被称为生物催化剂。

茶叶的加工过程，实际上就是人为控制酶类的作用，以生产绿茶、红茶等。

◆ 维生素

茶叶中含有丰富的维生素类,占干物质总量的 0.6%~1%。维生素类也分水溶性和脂溶性两类。脂溶性维生素有维生素 A、维生素 D、维生素 E 和维生素 K 等。脂溶性维生素不溶于水,饮茶时不能被直接吸收利用。

◆ 类脂化合物

茶叶中的类脂类物质包括脂肪、磷脂、甘油酯、糖脂和硫脂等,占干物质总量的 8% 左右。茶叶中的类脂类物质对形成茶叶香气有积极作用。

2. 历史上对茶叶功效的认识

自汉代以来,许多古籍都记载了茶叶的药用价值和保健功效。

唐代陆羽是我国第一部茶专著《茶经》的作者,他对茶的饮用及其功效有深刻的认识。他认为:"茶之为用,味至寒,为饮最宜精行俭德之人,若热渴、凝闷、脑疼、目涩、四肢烦、百节不舒,聊四五啜,与醍醐、甘露抗衡也。"

唐代顾况在《茶赋》中论茶功,曰:"滋饭蔬之精素,攻肉食之膻腻,发当暑之清吟,涤通宵之昏寐。"这说明茶有消食去腻、解暑驱困的作用。

宋代文学家苏东坡曾有过"何须魏帝一丸药,且尽卢仝七碗茶"的诗句,也说明饮茶有防病健身的功效。

元代王好古在《汤液本草》中说,茶有"清头目,兼治中风昏愦,多睡不醒"的功效。

明代朱权的《茶谱》对茶的功效评价甚高,称:"茶之为物,可以助诗兴而云山顿色,可以伏睡魔而天地忘形,可以倍清谈而万象惊寒,茶之功大矣……食之能利大肠,去积热,化痰下气,醒睡,解酒,消食,除烦去腻,助兴爽神。得春阳之首,占万木之魁。"

明代著名药学家李时珍所著的《本草纲目》科学地记载了茶的功效:"茶苦而寒,最能降火,火为百病,火降则上清矣……温饮则火因寒气而下降,热饮则茶借火气而升散,又兼解酒食之毒,使人神思爽,不昏不睡,此茶之功也。"

清代王士雄在《随息居饮食谱》中也讲道:"茶微苦微甘而凉,清化心神,醒睡除烦,凉肝胆,涤热消爽,肃肺胃,明目解渴。"

我国历代的古籍文献记载了茶的医药功效,主要是安神、明目、止渴、生津、清热、解毒、消食、去肥腻、利水、祛痰等。

3. 现代科学证明的茶叶功效

随着科技的进步,人们对茶叶的研究也越来越深入,各项动物实验、临床实验均证实茶叶确实具有多项保健功效,这主要与茶叶内含的多种活性成分有关。饮茶对健康的作用主要体现在三个方面:一是生津止渴,促进消化;二是补充营养,预防疾病;三是调节心理、心态,促进精神健康。

生津止渴是饮茶最基本的功效。口渴的时候,饮一杯清茶,就会满口生津,顿时清爽解渴。此外,咖啡碱对体温中枢有一定的作用,可调节体温,刺激肾脏,促进排泄,从而使体内大量热量和污物得以排出,促进新陈代谢,以取得新的生理平衡。

我国边疆少数民族地区以肉食为主，他们将茶作为生活的必需品，"宁可三日不食,也不可一日无茶"。他们的饮食中含有大量的脂肪和蛋白质,水果和蔬菜很少,食物不易消化,饱食荤菜后,饮一杯热茶利于消化,解除油腻,并补充肉食中缺少的矿物质、微量元素及维生素。此外,茶叶中的芳香物质也有溶解脂肪、帮助消化和消除口中异味的作用,而且芳香物质还能给人以兴奋、愉快的感觉,提高胃液分泌量,促进蛋白质、脂肪的消耗。

此外,茶叶还具有防止辐射伤害,延缓人体衰老,美容护肤、消炎抑菌等功效。

(二) 茶的科学饮用

茶是健康的饮品,科学饮茶,最大限度地发挥茶的保健功能是现代人科学生活的一个重要方面。科学饮茶就是根据茶的成分特性,结合饮茶者身体状况,因人、因时、因地进行茶品的选择、冲泡和饮用等有益于身心健康的饮茶行为。

1. 茶类特点

我国是世界上茶类最丰富的国家，根据茶叶的发酵程度由低至高可以划分为六大种类,分别是绿茶、白茶、黄茶、乌龙茶、红茶和黑茶,这六大茶类品性各异。从中医角度看,茶味苦微甘,相对而言,绿茶、白茶、黄茶发酵程度很低,属于凉性茶,对肠胃的刺激比较大;乌龙茶是半发酵茶,属于中性茶;红茶、黑茶发酵程度较高,属于温性茶,对肠胃的刺激比较小。

2. 茶叶的合理选择

◆ 根据季节选择茶叶

每个人可根据季节选择饮用不同的茶,就算是同一种茶,每个季节也会有不同的饮法,这样才能发挥出茶的最好效用。

春天属温,正是万物复苏的时节,应注意驱寒御邪。春季最适合饮用花茶,花茶有助于散发体内的寒气,促进阳气的生长。

夏天属热,天气闷热,人体大量发汗,易造成水、电解质平衡紊乱,因此,补充大量的水分是很有必要的。这时,最适合喝绿茶、白茶,因为绿茶味苦而后转甘甜,清鲜爽口,能够在夏天起到清暑解热、生津止渴和消食利导等作用。

秋天属凉,空气相对夏天来说渐渐干燥,皮肤、鼻腔、咽喉干燥不适。这个季节适合喝属性平和的乌龙茶,不寒不热,能消除余热,恢复生津。

冬天属寒,人的机体处于抵御寒冷的状态,新陈代谢非常迟缓,很容易生寒病。这个季节最适合饮红茶和黑茶,有助于养生。

◆ 不同人群应合理选择茶叶

(1) 根据职业环境选茶

不同工作岗位的人适合喝的茶也有区别。经常接触有毒物质的人,可选择绿茶、普洱茶,保健效果较佳;经常在电脑前工作的人,可选择绿茶作为抗辐射饮品;脑力劳动者、驾驶员、运动员、演员等为增强思维能力、判断能力和记忆力,可饮用名优绿茶;从事的职业运动量小的人群,易于肥胖,同时心血管疾病的发病率高,选择饮用普洱茶为最佳选择。

(2) 根据饮茶的喜好选茶

人们的饮茶习惯与其周围的群体有关,不同环境、职业、性别的人对茶叶的喜好有一定差别,并且在长期的饮用习惯形成中,逐步养成一定的品饮嗜好。一般来说,体力劳动者,通常更喜欢口感浓厚的茶;女性比较喜欢相对温和、香高形美的茶;初饮茶者或者平日饮茶较少者,以品饮香高之茶为宜;口味清淡者以选高档绿茶、白茶为宜;有调饮习惯者,在红茶或普洱茶的茶汤中加点奶等,口感也不错。

总之,对茶叶的科学选择遵循以生理情况为本,以茶性为选择依据,根据自己的口味喜好进行品饮的原则。

3. 茶叶的科学饮用

◆ 合理安排饮茶时间

茶作为一种传统饮品,其饮用时间并没有严格的规定,人们可以根据自己的需要随时饮用。但是,从科学、保健的角度看,合理安排饮茶时间也非常重要。

(1) 黄金饮茶时间

◎ 早餐后的清晨　每天吃过早餐1小时后(9~10点),是一天中饮茶黄金阶段的开始。

◎ 午后三点　午后三点左右,饮茶能起到很好的身体调理作用。

◎ 晚餐后的黄昏　一般而言,除非对咖啡碱反应尤为明显的人群,晚饭后适量喝一些温性的黑茶或岩茶有助于消化和降低血脂。

(2) 不宜饮茶的时间

◎ 饭后不宜马上饮茶,一般饭后半小时后饮茶为好。

◎ 饭前半小时不宜饮茶。

◎ 空腹时应少饮茶,特别是浓茶。因为茶汤在空腹状态时吸收率高,容易引起头晕、心悸、手脚无力、胃肠不适等"茶醉"现象,一旦出现"茶醉"情况,可以吃点甜点、水果或喝点糖水等加以缓解。

◆ 适宜的冲泡温度

泡茶用水的温度不可一概而论,要根据茶的品种和老嫩程度选择适宜的水温。如果水温过高,茶汤颜色会变黄变暗,茶的芽叶就会被"烫熟",维生素遭到大量破坏,营养价值降低,咖啡碱、茶多酚浸出增多,使茶汤产生涩味;反之,如果水温过低,则渗透性较低,茶叶中的有效成分难以浸出,茶味淡薄,同样会降低饮茶功效。

◆ **科学饮茶注意要点**

（1）每天的饮茶量

每日饮茶量因人而异，取决于个人的饮茶习惯、年龄、健康状况、生活环境、地方风俗等。通常，一个健康的成年人，每日茶叶饮用量应控制在5~15克；运动量大、消耗多或进食偏多的人，每日茶叶饮用量控制在15~20克比较适宜；食肉量多的人，每日茶叶饮用量可达30克左右，这样有助于消化，并减少脂肪的积聚；体弱多病的人，心动过速、神经衰弱、缺铁性贫血患者，应少喝甚至不喝茶；孕妇和儿童饮茶量要适当减少。

（2）荧屏面前长饮茶

电视、电脑有一定的射线，长时间面对电脑、电视会引起视觉疲劳，导致视力衰退。茶叶中含有多种维生素和微量元素，茶中的维生素A，有利于防止视力衰退；维生素B2对眼结膜、角膜有保护作用；维生素C是眼睛晶状体的重要营养成分；维生素D可影响眼视网膜功能，帮助维持视觉正常。

（3）少喝新茶

从营养学角度来说，新鲜茶叶并不是最好的。新茶是指采摘下来不足一个月的茶叶，这些茶叶因为没有经过一段时间的放置，茶叶中的多酚类物质、醇类物质、醛类物质还没有被完全氧化，饮用后可能会出现腹泻、腹胀等不适。新茶还会刺激胃黏膜，从而诱发胃病。所以，要少喝新茶，忌喝存放不足一个月的新茶。

（4）饮茶禁忌

◎ 忌喝冷茶　冷茶对身体有滞寒、聚痰的副作用，特别是对于体寒的女性来说，更不宜喝冷茶。

◎ 忌喝烫茶　太烫的茶水对人的咽喉、食道和胃刺激较强。长期喝太烫的茶水，可能引起这些器官的病变。

◎ 忌睡前饮茶　睡前2小时内最好不要饮茶，否则会使人精神兴奋，影响睡眠，甚至导致失眠。尤其是新采的绿茶，饮用后，神经极易兴奋。

◎ 忌饮隔夜茶　饮茶以现泡现饮为好，茶水放久了，不仅会丢失维生素等营养成分，而且易发馊变质，饮后易生病。

◎ 忌喝农残茶　茶叶在栽培与加工过程中会受到农药、化肥等有害物质的污染，茶叶表面常会有一定的有害物残留，饮用时应选择有机、无农残的茶叶。

◎ 忌喝浓茶　古人云："淡茶温饮最养人。"浓茶含有较多咖啡因，刺激性强，易引起头痛、失眠、心跳加速等症状，对患有心动过速、早搏和房颤的冠心病患者不利。妇女在经期、孕期、产期、哺乳期内更不宜喝浓茶。

（三）茶叶的储存与保管

茶叶吸湿、吸味性较强，很容易吸附空气中的水分及异味，若储存方法稍有不当，就会在短时期内失去风味，而且愈是轻发酵、高清香的名贵茶叶，愈是难以保存。通常，茶叶在存放一段时间后，香气、滋味、颜色会发生变化，原来的新茶状态消失，陈味渐露。因此，掌握茶叶的储存方法，保证茶叶的品质是非常重要的。

1. 茶叶的陈化

◆ 湿度的影响

当茶叶含水量超过 6% 或空气湿度高于 60% 时，茶叶的色泽会变褐变深，品质会变劣。茶叶含水量太低时，也容易陈化和变质。成品茶的含水量应控制在 3%~6%，超过 6% 应该复火烘干。

◆ 温度的影响

温度越高，茶叶陈化的速度越快。茶叶在储存的过程中，温度每升高 1 ℃，褐变的速度就会加快 3~5 倍；在 10 ℃ 以下储存，能够抑制茶叶褐变；在 -20 ℃ 条件下冷藏，几乎能阻止茶叶的陈化和变质。

◆ 氧气的影响

如果储存不当，茶叶与氧气接触，就会加快其氧化作用，影响品质。如茶多酚在储存过程中容易发生氧化，导致色泽变褐；维生素 C 也是容易被氧化的物质，茶叶中的维生素 C 被氧化后，既降低了营养价值，又会变褐，失去鲜爽味。

◆ 光线的影响

茶叶在储存的过程中，受到光线照射，叶绿素会分解褪色，进而影响品质，甚至失去饮用价值。

2. 茶叶储存前的分类及不同储存法

◆ 茶叶储存前的分类

（1）轻焙火

绿茶类、白茶类和部分乌龙茶类属于轻焙火类茶，储存时应挑密封度好的茶叶罐，如铝箔袋、脱氧真空包装、PC 塑胶真空罐、马口铁罐、不锈钢或锡材质制的茶叶罐等，可以防潮并避免茶叶变质走味。同时，要注意避免阳光直射。一般轻焙火、香气重的茶叶因含有少许水分会产生发酵，建议开封后尽快饮用完，若短时间内饮用不完，可将茶叶密封，存放于冰箱中低温冷藏保鲜储存。

（2）重焙火

武夷岩茶、普洱等属于重焙火茶类。重焙火茶储存时要将茶叶再烘干一些，这样有利于茶叶久放不变质，如要让茶叶回稳，消其火味，瓷罐或陶罐都是很好的选择。普洱等茶类如用陶罐、瓷罐储存，切记不要盖盖子，口用布盖上，让其通风。茶叶罐应放在阴凉通风处，保持干燥并避免阳光直射，不要储放在有异味的储存柜或是与有气味的东西一起存放，避免吸入异味。

◆ 茶叶的储存方法

（1）铁罐储存法

选用市场上常见的马口铁双盖茶罐作盛器。储存前，检查罐身与罐盖是否密闭，不能漏气。储存时,将干燥的茶叶装罐,罐要装实装严。这种方法操作方便,但不宜长期储存。

马口铁双盖茶罐

（2）热水瓶储存法

选用保暖性良好的热水瓶作盛器。将干燥的茶叶装入瓶内,装实装足,尽量减少空气存留量,瓶口用软木塞盖紧,塞缘涂白蜡封口,再裹以胶布。由于瓶内空气少,温度稳定,这种方法保持效果也较好,且简便易行。

（3）陶瓷坛储存法

选用干燥无异味、密闭的陶瓷坛,用牛皮纸把茶叶包好,分置于坛的四周,中间嵌放石灰袋一只,上面再放茶叶包,装满坛后,用棉花包紧。石灰袋隔一两个月更换一次。这种方法是利用生石灰的吸湿性能,使茶叶不受潮,效果较好,能在较长时间内保持茶叶品质,特别是龙井、大红袍等名贵茶叶,采用此法尤为适宜。

（4）食品袋储存法

先用洁净无异味的白纸包好茶叶,再包上一张牛皮纸,然后装入一只无空隙的塑料食品袋内,轻轻挤压,将袋内空气挤出,随即用细软绳子扎紧袋口,取一只塑料食品袋,反套在第一只袋外面,同样轻轻挤压,将袋内空气挤压排出后再用绳子扎紧口袋,然后放进干燥无味的密闭铁桶内。

（5）低温储存法

将茶叶贮存在 5 ℃以下的环境中,也就是使用冷藏库或冷冻库保存茶叶。

（6）木炭密封储存法

利用木炭极能吸潮的特性来储存茶叶。先将木炭烧燃,立即用火盆或铁锅覆盖,使其熄灭,晾凉后用干净布将木炭包裹起来,放于盛茶叶的瓦缸中。缸内木炭要根据受潮情况,及时更换。

（7）干燥剂储存法

使用干燥剂,可使茶叶的储存时间延长到一年左右。选用干燥剂的种类,可依茶类和取材方便而定。储存绿茶,可用块状未潮解的石灰;储存红茶和花茶,可用干燥的木炭,有条件者,也可用变色硅胶。

上述七种储藏茶叶的方法比较适用于家庭,而茶馆储存茶叶一般都有专门的储藏室,为了降低储藏室的温度可采用如下两种方法:

一是干燥法。即在储藏室内的空处放置盛有石灰或木炭的容器,每隔一段时间检查石灰是否潮解,如石灰潮解应立即更换,这样能保持储藏室内的干燥。

二是吸湿机除湿法。此法更适合储存红茶。茶叶储藏室平时少开门窗,如要换气,应选择晴天的中午,开窗半小时,以利通气。吸湿机除湿,只有在储藏室封闭的情况下,才能发挥作用,平时进出要及时关闭门窗。

3. 茶叶的保质期

茶叶本质上就是一种农产品。所有农产品都有保质期,过期变质是不能食用或饮

用的,茶叶当然也不例外。

茶叶的保质期与茶叶的品质有关,不同的茶保质期也不一样。黑茶陈化得好一些,保质期可达 10~20 年,如湖南的黑茶、湖北的茯砖茶、广西的六堡茶等,只要存放得当,不仅不会变质,反而能提高茶叶品质。

通常,密封包装的茶叶保质期是 12~24 个月不等。散装茶叶保质期更短,因为散装茶会吸潮、吸异味,不仅使茶叶丧失原茶风味,也更容易变质,如绿茶的保质期在常温下一般为一年左右。

影响茶叶品质的因素主要有温度、光线、湿度等,如果储存方法得当,则茶叶的保持期可适当延长。

判断茶叶是否过期,主要看以下几个方面:一是看是否发霉或出现陈味;二是看茶汤颜色,如绿茶是否变红,汤色是否变褐、变暗;三是品茶汤滋味,主要看其浓度、收敛性和鲜爽度。如果是散装茶叶,买回家已超过 18 个月,那生产时间就更久了,应慎重饮用。

 知 识
链 接

如何选购 茶叶

茶叶的选购不是易事,要想得到好茶叶,需要掌握大量的知识,如各类茶叶的等级标准、价格与行情、茶叶的审评、检验方法等。鉴别茶叶的好坏,主要从色、香、味、形四个方面入手,但是对于普通饮茶之人,购买茶叶时,一般只能观看干茶的外形和色泽,闻干香,所以使得判断茶叶的品质更加不易。这里粗略介绍一下鉴别干茶的方法。干茶的外形,主要从五个方面来看,即嫩度、条索、色泽、整碎和净度。

1. 嫩度

嫩度是决定品质的基本因素,所谓"干看外形,湿看叶底",就是指嫩度。一般嫩度好的茶叶,容易符合其所属茶类的外形要求(如龙井之"光、扁、平、直")。此外,还可以从茶叶有无锋苗去鉴别。锋苗好,白毫显露,表示嫩度好,做工也好。如果原料嫩度差,做工再好,茶条也无锋苗和白毫。但是不能仅从茸毛多少来判别嫩度,因为各种茶的具体要求不一样,如极好的狮峰龙井体表无茸毛。再者,茸毛容易假冒,人工做上去的很多。芽叶嫩度以多茸毛为判断依据,只适合于毛峰、毛尖、银针等"茸毛类"茶。这里需要提到的是,最嫩的鲜叶,也得一芽一叶初展,片面采摘芽心的做法是不恰当的,因为芽心是生长不完善的部分,内含成分不全面,特别是叶绿素含量很低,所以不应单纯为了追求嫩度而只用芽心制茶。

2. 条索

条索是各类茶具有的一定外形规格,如炒青条形、珠茶圆形、龙井扁形、红碎茶颗粒形等。一般长条形茶,看松紧、弯直、壮瘦、圆扁、轻重;圆形茶看颗粒的松紧、匀正、轻重、空实;扁形茶看平整光滑程度和是否符合规格。一般来说,条索紧、身骨重、圆(扁形茶除外)而挺直,说明原料嫩,做工好,品质优;如果外形松、扁(扁形茶除外)、碎,并有烟、焦味,说明原料老,做工差,品质劣。

3. 色泽

茶叶色泽与原料嫩度、加工技术有密切关系。各种茶均有一定的色泽要求,如红茶乌黑油润、绿茶翠绿、乌龙茶青褐色、黑茶黑油色等。但是无论何种茶类,好茶均要求色泽一致,光泽明亮,油润鲜活,如果色泽不一,深浅不同,暗而无光,说明原料老嫩不一,做工差,品质劣。

茶叶的色泽还和茶树的产地以及季节有很大关系,如高山绿茶,色泽绿而略带黄,鲜活明亮;低山茶或平地茶色泽深绿有光。制茶过程中,由于技术不当,也往往使色泽变劣。购茶时,应根据具体购买的茶类来判断,比如龙井中最好的狮峰龙井,其明前茶并非翠绿,而是有天然的糙米色,呈嫩黄,这是狮峰龙井的一大特色,在色泽上明显区别于其他龙井。因狮峰龙井卖价奇高,茶农甚至会制造出这种色泽以冒充狮峰龙井。真假之间的区别是:真狮峰匀称光洁、淡黄嫩绿、茶香中带有清香;假狮峰则角松而空,毛糙,偏黄色,茶香带炒黄豆香。不经多次比较,确实不太容易判断出来,但是一经冲泡,区别就非常明显了,炒制过火的假狮峰,完全没有龙井应有的馥郁鲜嫩的香味。

4. 整碎

整碎就是茶叶的外形和断碎程度,以匀整为好,断碎为次。比较标准的茶叶审评,是将茶叶放在盘中(一般为木质),使茶叶在旋转力的作用下,依形状、大小、轻重、粗细、整碎形成有次序的分层。其中粗壮的在最上层,紧细重实的集中于中层,断碎细小的沉积在最下层。各茶类,都以中层茶为好。上层一般粗老叶子多,滋味较淡,水色较浅;下层碎茶多,冲泡后往往滋味过浓,汤色较深。

5. 净度

主要看茶叶中是否混有茶片、茶梗、茶末、茶籽,以及制作过程中混入竹屑、木片、石灰、泥沙等夹杂物的多少。净度好的茶,不含任何夹杂物。

此外,还可以通过茶的干香来鉴别。无论哪种茶都不能有异味,每种茶都有特定的香气,干香和湿香也有不同,需根据具体情况来定,青气、烟焦味和熟闷味均不可取。

上篇 茶文化

知识点 **五** 茶的传播与市场前景

（一）茶的传播

中国茶对人类的贡献在于，中国人最早发现并利用茶这种植物，并把它发展成为我国、东方乃至整个世界的一种灿烂而独特的茶文化。茶的传播经历了由原产地向全国范围扩展，逐步向外传播，并最终走向全世界的过程。

中国茶业，最初兴于巴蜀，之后向东部和南部传播开来，最终遍及全国。到了唐代，又传至日本和朝鲜，16世纪后被西方引进。因此，茶的传播史，分为国内和国外两条线路。

1. 茶在国内的传播

茶在国内的传播几经迁移，大致经历了一条自西向东、向南的路线。

◆ 巴蜀是中国茶的摇篮（先秦两汉时期）

巴蜀茶业在我国早期茶业史上具有突出的地位，西汉成帝时王褒所著的《僮约》中有"烹茶尽具"及"武阳买茶"两句，前一句反映西汉时成都一带不仅饮茶成风，而且出现了专门用具，后一句表明茶叶已经商品化，出现了如"武阳"一类的茶叶市场。

在西汉时，成都不仅是我国茶叶的消费中心，而且形成了我国最早的茶叶集散中心，所以说在先秦、秦汉乃至西晋时期，巴蜀都称得上是我国茶叶生产的重要中心。

◆ 顺江而下——长江中游、华中地区成为茶业中心（三国西晋时期）

秦汉时期，随着巴蜀与各地区交流的日益密切，茶亦得到广泛的传播。茶最先传播至东部与南部，湖南茶陵的命名便极好地证明了这一点。西汉时期，茶陵以产茶闻名，茶陵地处江西与广东交界，由此可见，西汉时期茶的生产已传播至与湘、粤、赣毗邻的地区。

三国两晋时期，由于荆楚得天独厚的地理环境和坚实的经济文化基础，逐渐取代巴蜀，成为中国茶文化发展的主要地域。

◆ 继续东移——长江下游、东南沿海茶业快速发展（东晋南朝时期）

西晋南渡后，北方豪门进驻中原，建康（南京）成为当时南方的政治文化中心，崇茶之风盛行于贵族富豪之间，致使江东饮茶与茶文化得到进一步的发展，加快了我国茶叶向东南推移的步伐。这一阶段，我国东南地区的茶叶种植由浙西扩展至今温州、宁波沿海一带。此外，《桐君录》记载有"西阳、武昌、晋陵皆出好茗"，晋陵即指常州，其茶产自宜兴，这表明东晋和南朝时，长江下游宜兴一带的茶业也十分有名。

◆ 行至江南——长江中下游地区成为茶业中心(唐代)

唐代中期以后,长江中下游茶区产量大幅提高,制茶技艺亦达到当时的顶峰。高水准生产出的顾渚紫笋茶和阳羡茶被列为贡茶。此时,长江中下游的江南地区正式成为我国茶叶产制中心。

当时,江南茶叶的生产极其繁盛,据史料记载,安徽祁门周围,千里之内,各地种茶,山无遗土,业于茶者七八。在唐代,现赣东北、浙西和皖南一带茶业的发展尤为突出。由于贡茶设置于江南,极大地促进了江南地区制茶技术的提高,同时也带动了全国各茶区的发展。

◆ 由东转南——茶业中心由东向南移(宋代)

自五代及宋朝初年开始,全国气温转寒,使得我国南部茶业发展较北部更为迅速,并取代长江中下游茶区,成为宋朝制茶中心,具体表现为福建建安茶取代顾渚紫笋茶成为贡茶。闽南和岭南一带的茶业发展较唐朝时更加活跃和蓬勃。福建茶区也成为茶饼、茶团的制作研究中心,从而带动了闽南和岭南茶区茶业的迅速崛起与发展。

至宋代,茶已遍布我国各地,宋朝茶区的范围与现代茶区范围非常相近。明清以后,茶业的发展主要侧重于制法与种类的变化。

2. 茶在国外的传播

南北朝时,我国的茶叶开始陆续输出至东南亚邻国及亚洲其他地区。

◆ 中国茶向国外传播的方式

当时,中国茶叶向世界的传播多依托以下四种方式:

(1)通过来华学佛的僧侣和遣唐使将茶带往国外。如公元805年,日本高僧最澄从天台山将茶籽引种到日本。

(2)通过古商路,以经贸的方式传到国外。如唐代时,京城长安与回纥进行茶马交易。

(3)通过派出的使节,将茶作为贵重礼品馈赠给出使国。如1618年,中国公使向俄国沙皇赠茶。

(4)应邀直接以专家身份去国外发展茶叶生产。如清末时,宁波茶厂厂长刘峻周带领技工去格鲁吉亚种茶。

◆ 中国茶向国外传播的路线

依托以上四种主要方式,中华茶文化通过两条路线向外传播,即陆路传播路线和海路传播路线。

1) 陆路传播

(1) 向中、西亚传播

中国茶最早是从陆路向与中国接壤的邻国传播。早在西汉时,张骞两次出使西域,丝绸之路开通,至唐代,京城长安已成为中国对外文化和经济交流的中心。当时的中

原一带,饮茶已是"比屋皆饮""投钱可取"。许多阿拉伯商人在中国购买丝绸、瓷器的同时,也常常带回茶叶。于是,中国的茶叶从陆路传播到阿拉伯国家,饮茶之风在中亚和西亚一带传播开来。

（2）向欧洲传播

随着古丝绸之路的逐渐衰落,在中国兴起了另一条陆路上的国际商路。此路以山西、河北为枢纽,经长城,过新疆,到中亚、西亚,直达欧洲腹地。据《宋史·张永德传》载："永德在太原,尝令亲史贩茶规利,阑出徼外羊市。"

（3）向俄国传播

明代时对茶叶贸易控制很严,但明朝朝廷仍有与塞外的"茶马互市",至18世纪初,中国茶叶才开始从陆路经蒙古销往俄国。当时,茶叶十分昂贵,只有王公贵族、地方官吏才买得起。

（4）向南亚的传播

1780年,南亚的印度开始种茶,一直未获成功。为此,1834年印度成立植茶问题委员会,并派人到中国购买茶种,并请雅州(今四川雅安)茶业技工传授种茶和制茶技术。经过百余年的努力,直到19世纪后期,才使茶叶在喜马拉雅山南麓的大吉岭一带发展开来。1983年中国派专家前往巴基斯坦指导种茶,获得成功,该国目前已开辟茶园100余公顷。

缅甸、柬埔寨、越南等与中国是近邻,中华茶文化都是通过陆路传播到这些东南亚国家的,这些国家种茶的历史也都比较早。

2）海路传播

（1）向朝鲜半岛传播

4世纪末5世纪初,饮茶之风亦开始进入朝鲜半岛。不过,朝鲜半岛种茶却始于中国唐代。12世纪,松应寺、宝林寺等著名寺庙积极提倡饮茶,使饮茶之风很快普及到民间。自此,朝鲜半岛不但饮茶,而且种茶,只是由于气候等原因,如今茶园面积还不大,主要依靠进口。

（2）向日本传播

唐永贞元年,日本高僧最澄和弟子义真来中国天台山国清寺学佛,回国时,带去茶种,种于日本近江的台麓山,成为日本最古老的茶园。如今,遗址尚存,并立碑为记。次年,日本高僧空海又来华学佛,回国时也带去茶种,种于日本京都高山寺等地。此后,日本嵯峨天皇于弘仁六年四月巡幸近江,经过梵释寺时,该寺大僧都永忠亲手煮茶进献,天皇赐予御被。天皇巡幸后,下令畿内、近江、丹波、播磨等地种茶作为贡品,日本的茶叶生产开始发展。

（3）向欧洲传播

清代赵翼《檐曝杂记》载："自前明设茶马御史(注:永乐十三年,即公元1415年),大西洋距中国十万里,其番船来,所需中国物,亦惟茶是急,满船载归,则其用且极西海以外。"可知,15世纪初,已有较多的中国茶叶输往海外各国。

17世纪初,荷兰东印度公司开始大量从中国贩运茶叶至欧洲各国。随着欧洲饮茶风尚的盛行,普鲁士国王于 1757 年在波茨坦市北郊的无忧宫园林内,特地修筑了一座具有中国风格的茶亭,称中国茶馆,后被毁。1993 年,德国政府为保护历史文物,投资 200 万马克,修复"中国茶馆"。

嘉庆十七年(1812 年)至道光五年(1825 年)期间,葡萄牙人先后从澳门招募几批中国种茶技工到巴西种茶。巴西政府为表彰这些中国种茶技工为发展巴西茶叶生产做出的贡献,在里约热内卢蒂茹卡国家公园内建立中国式亭子,以作纪念。

由此可见,世界各国的茶种及饮茶习俗,都直接或间接地出自中国,这也印证了各国"茶"字的读音多源自中国。我们不但可以说"天下'茶'字同一宗",也可以说"天下茶叶同一宗"。

(二) 茶的市场前景

1. 茶叶的市场现状

◆ 全球茶叶市场现状

近年来,全球茶叶市场需求持续增长,其中,亚太地区的绿茶消费增长强劲,北美、西欧的红茶市场也已发展成熟。中国茶叶流通协会的统计数据显示,2017 年全球茶叶产量约为 577 万吨。全球茶叶产量稳步增长,预计到 2020 年全球茶叶产量将超过 600 万吨。其中,中国、印度两国的茶叶产量位居世界前列。

消费量方面,据中国茶叶流通协会统计数据显示,2017 年全球茶叶消费量约为 544 万吨,预计 2020 年全球茶叶消费量将超 600 万吨。

◆ 中国茶叶市场现状

(1) 茶叶产量稳步增长

第一,中国是世界上最大的茶叶种植国,也是茶园面积增速最快的国家。

中国拥有 3000 多年的饮茶历史,是世界上最大的茶叶种植国,也是茶园面积增速最快的国家,2016 年茶园面积约 290.20 万公顷,2017 年的茶园面积在 310.13 万公顷左右,2000—2017 年均复合增长率为 6.4%。

第二,由于茶园面积增加及科技进步使单位面积产量提高,茶叶产量稳步增长。

从 2000 年以来的产量变化情况来看,我国茶叶总产量整体保持逐年增长的态势,2016 年茶叶产量达到 241.0 万吨,2017 年的产量达 255.7 万吨,2000—2017 年我国茶叶产量年均复合增长率达到 8.0%。

(2) 茶叶消费量稳步增长

中国茶叶流通协会统计数据显示,2017 年中国茶叶消费量约为 193 万吨,与往年相比消费量稳步增长。

(3) 产品结构不断优化

绿茶和乌龙茶占茶叶总产量的比重持续下降,2017 年,红茶、黑茶、白茶、黄茶等茶类占 26%,比 2016 年提高 1.2%,同时,特色产品及抹茶、茶饮料、茶保健品等深加工产品种类增加。

2. 现阶段面临的机遇与挑战

◆ 现阶段突出的问题

（1）缺少具有国际影响力的茶叶品牌

目前，中国是世界上的产茶大国，但还不是产茶强国，属于大资源小产业。我国茶叶企业众多，但尚无一千亿级大品牌，中国茶叶品牌影响力有待提升。

目前，我国有茶叶企业实体7万多家，单位规模弱小，影响力最大的几家，如中茶、天福和大益等，年销售额也不过十几个亿元，上亿元规模的未超过百家，而作为全球最大的茶业企业，立顿近年来全球年销售额可达200多亿元人民币。

（2）商品茶价格模糊

由于我国茶叶种类、质量的差异性，茶叶质量缺乏国家标准来统一规范，茶的质量级别较为混乱，售价较为模糊。面对消费者的零售价，往往定价随意、茶价畸高或是价质不符，消费者无从判断商品茶的真正价值及真实价位。因此，破坏茶叶价格的模糊性，保持价格诚信及定价透明度，是深入发掘茶叶市场潜力的重要途径。

（3）茶行业有待规范

茶为国饮，有着悠久的历史，特别是当今，茶更是和平、健康的象征。随着生活水平的不断提高，在茶消费逐年递增的情况下，政府及消费者对商品茶的要求也越来越高。很多地方对无质量认证、生产日期等标志的茶产品管控不严格。

◆ 机遇与挑战

中国茶叶市场要紧抓"一带一路"的战略发展机遇，做到标准化生产，维护市场的基本制度，工业化批量生产，提高核心技术水平，加快茶叶产业化发展步伐，这样才能更好地应对茶叶市场的发展需求。

岗位知识二

茶文化

知识点 一　茶文化的历史发展

(一) 茶文化的起源

中国是茶的故乡,也是茶文化的发祥地。

1. 西周

晋·常璩《华阳国志》:"周武王伐纣,实得巴蜀之师,……茶蜜……皆纳贡之。"这一记载表明,在周武王伐纣时,巴国就已经以茶与其他珍贵产品纳贡于周武王。经过夏商两代后,西周时期,人们将鲜叶洗净后,置陶罐中加水煮熟,连汤带叶服用,这是茶作为饮品的开端。

2. 东周

《晏子春秋》记载:"晏子相景公,食脱粟之食,炙三弋、五卵、苔菜耳矣";又《尔雅》中,"苦茶"一词注释云"叶可炙作羹饮";《桐君录》等古籍中,则有茶与桂姜及一些香料同煮食用的记载。此时,对于茶叶的利用又前进了一步,运用了当时的烹煮技术,并已注意到茶汤的调味。这是茶的食用阶段,即以茶当菜,煮作羹饮。茶叶煮熟后,与饭菜调和在一起食用。

（二）茶文化的酝酿

1. 秦汉时期

秦汉时期，先民们开始对茶叶进行简单加工：鲜叶用木棒捣成饼状茶团，再晒干或烘干制成饼茶以存放，这是最早的饼茶。饮用时，先将茶饼捣碎放入壶中，注入开水（或沸煮）并加入葱姜、橘子等调味。此时，茶叶不仅是日常生活之解毒药品，而且成为待客之食品。由于秦统一了巴蜀，促进了饮茶风俗向东延伸。西汉时，茶已是宫廷及官宦人家的一种高雅消遣，王褒《僮约》已有"武阳买茶"的记载。

2. 三国时期

三国时期，崇茶之风进一步发展，开始注重茶的烹煮方法，说明当时华中地区饮茶已比较普遍。

东汉末年、三国时代的名医华佗在《食论》中提出了"苦荼久食，益意思"，是对茶叶药理功效的第一次记述。

史书《三国志》述吴国君主孙皓"赐茶以代酒"，这是"以茶代酒"的最早记载。

3. 两晋、南北朝时期

◆ 茶与宗教结缘

随着佛教传入、道教兴起，饮茶已与佛、道联系起来。道家修炼气功要打坐、内省，茶对清醒头脑、舒通经络有一定作用，于是出现一些饮茶可羽化成仙的故事和传说，这些故事和传说在《续搜神记》《杂录》等书中均有记载。南北朝时佛教开始兴起，当时战乱不已，僧人倡导饮茶，也使饮茶染上了佛教色彩，促进了"茶禅一味"思想的产生。在佛家看来，茶是坐禅入定的必备之物。

◆ 出现以茶养廉示俭

至陆纳、桓温、齐武帝时，饮茶已不仅仅是为了提神、解渴，它开始产生一些社会功能，成为待客、祭祀、表达精神和情操的方式。自此，茶已不完全以其自然使用价值为人所用，而开始进入精神领域，茶的"文化功能"渐渐表现出来。此后，"以茶代酒""以茶养廉"成为我国茶人的优良传统。

◆ 茶开始成为文化人赞颂、吟咏的对象

魏晋时已有文人直接或间接的以诗文赞吟茗饮，如杜育的《荈赋》、孙楚的《出歌》、左思的《娇女诗》等。另外，文人名士既饮酒又喝茶，以茶助谈，开了清谈饮茶之风，出现一些文人名士饮茶的逸闻趣事。

魏晋南北朝时期，饮茶在一些皇宫显贵和文人雅士看来是一种高雅的精神享受，也是一种表达志向的方式。

(三) 唐代——茶文化的第一个高峰期

唐代是我国封建社会发展的一个高峰期,社会、经济、文化等方面都走在世界前列。唐代的茶文化因当时的社会环境而出现一片繁荣景象。唐代茶文化的发展与茶饮的进一步普及及贡茶的发展密切相关,由于民间和宫廷的共同参与,形成中华茶文化发展的第一个高峰。

1. 全民饮茶

唐之前,北方本来"初不多饮",开元之后,北方许多地方"多开店铺,煎茶卖之",这种"始曰中地"的饮茶风俗,很快与大唐文化一起"流于塞外"。饮茶地域性的消失,是饮茶文化成为全国文化的标志。同时,饮茶人群甚为广泛,皇帝嗜茶,王公朝士无不饮者,文人嗜茶,僧人嗜茶,道士嗜茶,军人嗜茶,甚至"田间之间,嗜好尤甚"。饮茶不再是身份地位的象征,而成为所有人的嗜好。

2. 茶叶制作工艺大发展

自唐至宋,贡茶兴起,成立了贡茶院,即制茶厂,朝廷组织官员研究制茶技术,从而促使茶叶生产不断改革。过去初步加工的饼茶仍有很浓的青草味,经反复实践,唐代完善了蒸青制茶技艺。青制饼茶即将茶的鲜叶蒸后碎制,压成饼型,饼茶穿孔,贯串烘干,去其青气,但仍有苦涩味,唐代增加了蒸青后压榨去汁的工艺,使茶叶苦涩味大大降低。

3. 茶文学形成

《茶经》的面世标志着茶学和茶道的形成,它在中国乃至世界茶文化史具有崇高的地位。张又新的《煎茶水记》、苏虞的《十六汤品》、温庭筠的《采茶录》、王敷的《茶酒论》、毛文锡的《茶谱》亦从不同的侧面共同塑造了唐代茶学的辉煌成就。与此同时,大批诗人用自己饱含深情的笔墨书写了数百首茶诗。这些茶诗或讴歌饮茶的美妙,或表达赐茶、赠茶后的喜悦心情,或寄托对茶德的思考,凡此种种,都表达了人们对茶的热爱和追求。

此外,文学家、画家、史学家、语言学家等都拿起自己的笔为茶文学的繁荣而辛勤耕耘。

4. 茶道出现

唐代已经形成宫廷茶文化圈、文人茶文化圈、大众茶文化圈、僧侣茶文化圈,不同文化圈的人饮茶自然也就有不同的规则。

茶道的创立是唐代饮茶文化的最高层面,即精神方面的内容,这是唐代茶文化的突出表现。陆羽创立了以"精行俭德"为中心的茶道思想,他把中华民族的五行阴阳辩证法、道家天人合一的理念、儒家的中和思想等博大精深的精神浓缩在一碗茶汤之

中,被奉为"茶圣"。

刘贞亮将茶叶功效概括为《茶十项》,其中"以茶利礼仁""以茶表敬意""以茶可雅志""以茶可行道"四条纯粹是谈茶的精神作用。至此,唐代茶道已经形成。

(四) 宋代——茶文化的第二个高峰期

宋代茶文化在唐代茶文化的基础上继续发展深化,进一步向上、向下拓展,宫廷茶文化与民间茶文化并蒂发展,呈现出宋代特有的文化品位。

1. 茶文化不断深入发展

宋代茶学比唐代茶学更有深度。由于茶业的南移,贡茶以建安北苑为最。当时对北苑贡茶的研究,既深又精,形成了强烈的时代和地域色彩。比较著名的研究著作有叶清臣的《述煮茶小品》、宋子安的《东溪试茶录》、熊蕃的《宣和北苑贡茶录》、蔡襄的《茶录》、沈括的《本朝茶法》、宋徽宗赵佶的《大观茶论》等。从作品及作者的身份来看,宋代茶学研究的人才层次和研究层次都很丰富,研究内容包括茶叶产地的比较、烹茶技艺、原料与成茶的关系、饮茶器具、斗茶过程及欣赏、茶叶质量检评等,在深度及系统性方面与唐代相比都有新的发展。

2. 制茶技术快速发展

宋代,制茶技术发展很快,新品不断涌现。北宋年间,做成团片状的龙凤团茶盛行。宋太宗太平兴国年间(976年)开始在建安(今福建建瓯)设宫焙,专造北苑贡茶,自此,龙凤团茶有了很大的发展。宋徽宗赵佶更是以帝王之尊,倡导茶学,弘扬茶文化。在蒸青饼茶的生产中,为了改善苦味难除、香味不正的缺点,逐渐采取蒸后不揉不压,直接烘干的做法,将蒸青饼茶改为蒸青散茶,保持茶的香味,同时对散茶的鉴赏方法和品质也有一定要求。

施岳《步月·茉莉》词注:"茉莉岭表所产……古人用此花焙茶"这是加香料茶和花茶的最早记载。

3. 饮茶方式形式多样

宋初,茶叶多制成饼茶,饮用时碾碎,加调味品烹煮,也有不加的。随着茶品的日益丰富与品茶的日益考究,人们逐渐重视茶叶原有的色、香、味,调味品逐渐减少。此时,烹饮手法逐渐简化,传统的烹饮习惯由宋开始至明清出现了巨大变更。

斗茶是一种茶叶冲泡艺术,也是一种比较茶叶品质的方法,宋代时斗茶空前兴盛并遍及全国。点茶是指一手执壶往茶盏点水,一手用茶筅旋转打击和拂动茶盏中的茶汤。由于宋代斗茶盛行,点茶技艺不断创新,产生了能在茶汤中形成文字和图像的技艺,即分茶技术,也叫茶百戏。分茶能让观赏者和操作者从这些茶图案里获得美的享受。在宋徽宗和一大批文人、僧人的推崇下,分茶技艺在宋代发展到了极致。

(五) 明清时期——茶文化的第三个高峰期

1. 饮茶方式发生重大变革

历史上正式以国家法令形式废除团茶的是明太祖朱元璋,他于洪武二十四年(1391年)九月十六日下诏:"罢造龙团,惟采茶芽以进。"从此,向皇室进贡的是芽叶形的蒸青散茶。皇室提倡饮用散茶,民间自然蔚然成风,并且将煎煮法改为随冲泡随饮用的冲泡法,这是饮茶方式的一次重大变革,改变了我国千古相沿成习的饮茶法。这种冲泡方式,对于茶叶加工技术的进步,如改进蒸青技术,产生炒青技术,以及对花茶、乌龙茶、红茶等茶类的兴起和发展起到巨大的推动作用。

2. 为茶著书立说

中国是最早为茶著书立说的国家,明代达到又一个兴盛期,并且形成了鲜明的特色。明太祖朱元璋第17子朱权于1440年前后编写《茶谱》一书,对饮茶之人、饮茶之环境、饮茶之方法、饮茶之礼仪等做了详细的介绍,改革了传统的品饮方法和茶具,提倡从简行事,主张保持茶叶的本色,顺其自然之性。陆树声在《茶寮记》中提倡于小园之中设立茶室,强调的是自然和谐之美。张源《茶录》中说:"造时精,藏时燥,泡时洁。精、燥、洁,茶道尽矣。"这句话简明扼要地阐明了茶道真谛。明代茶书对茶文化的各个方面做了整理、阐述和开发,突出贡献在于全面展示明代茶业的空前发展和中国茶文化继往开来的崭新局面,其成果一直影响至今。明代在茶文化艺术方面的成就较大,除了茶诗、茶画外,还产生众多的茶歌、茶戏等。

3. 茶叶大量外销

清朝初期,以英国为首的欧洲国家开始大量从我国运销茶叶,使我国茶叶向海外的输出猛增。茶叶的输出常伴以茶文化的交流和影响。1657年,中国茶叶和茶具开始在法国市场销售。康熙八年(1669年)英属东印度公司直接从万丹运华茶入英。康熙二十八年(1689年)福建厦门出口茶叶150担(7500千克),开中国内地茶叶直销英国市场之先河。中国茶叶在全世界得到广泛的传播。英国从中国输入茶叶后,茶饮逐渐普及,并形成了特有的饮茶风俗,讲究冲泡技艺和礼节,其中有很多中国茶礼的痕迹。此时,俄罗斯文艺作品中有众多关于茶宴茶礼场景的描写,这也是我国早期茶文化在俄罗斯民众生活中的反映。

(六) 近现代市井茶文化

清末至新中国成立前的100多年,资本主义入侵,战争频繁,社会动乱,传统的中国茶文化日渐衰微,饮茶之道在中国大部分地区逐渐趋于简化,但这并不是中国茶文化的完结。从总体趋势看,中国的茶文化是在向下延伸,既丰富了它的内涵,也增强了它的生命力。清末民初,城市、乡镇茶馆茶肆林立,大碗茶摊比比皆是,盛暑季节,道路

上的茶亭及善人乐施的大茶缸处处可见。"客来敬茶"已成为普通人家的礼仪美德。

（七）当代茶文化的新发展

1949 年以来,中国茶和茶文化得以恢复和发展,到 20 世纪 60 年代初,我国茶园面积超过印度,特别是改革开放以来,茶和茶文化发展迅猛,呈现出生机勃勃的气势。20 世纪 90 年代起,一批茶文化研究者创作了许多专业著作,为当代茶文化的创立做出了积极贡献,如黄志根的《中国茶文化》、陈文华的《长江流域茶文化》、姚国坤的《茶文化概论》、余悦的《中国茶文化丛书》等,他们对茶文化学科各个方面进行系统的专题研究,这些成果为茶文化学科的确立奠定了基础。

当前,中国茶产业和茶文化发展正处在盛世兴茶的历史机遇期。"十三五"规划的开局,"一带一路"战略的实施,全面建成小康社会的推进,实现中华民族伟大复兴"中国梦"的宏伟蓝图,都为此注入了新动力,提供了新机遇,开启了新征程。

知识点 二 　中外饮茶风俗

（一）中国饮茶方式的演变

1. 中国饮茶的发展历史

人类利用茶叶的方式大致经历了吃、喝、饮、品四个阶段。"吃"是将茶叶作为食物生吃或熟食,"喝"是将茶叶作为药物或熬汤喝,"饮"是将茶叶煮成茶汤作为饮品饮,"品"是将茶的人文内涵升华并进行品赏体悟。

◆ 生食

我国食用茶叶的历史可以上溯到旧石器时代,那时人们将茶树幼嫩的芽叶和其他可食植物一起当作食物。古人直接含嚼茶树鲜叶,汲取茶汁,感到芬芳、口腔收敛。在《神农本草经》中有这样的记载:"神农尝百草之滋味,水泉之甘苦,令民知所避就,当此之时,日遇七十毒,得荼而解。"这里的"荼"指的就是茶树的叶子。

◆ 粗放煮饮

人们在食用茶叶的过程中发现它有解毒的功能,便将鲜叶洗净后,置于陶罐中加水煮熟,连汤带叶服用。煎煮的茶,虽苦涩,但滋味浓郁。直到三国时期,我国饮茶的方式还停留在药用和饮用阶段,粗放煮饮是茶作为饮品的开端。

◆ 饮茶伊始

从西晋开始,四川地区的一些文人开始从事茶事活动,赋予了饮茶文化的意味。西晋著名诗人张载在《登成都楼》中写道:"芳茶冠六清,溢味播九州。"他认为,芳香的茶汤胜过所有的饮品,茶的滋味可传遍神州大地,让人们满足于嗅觉和味觉的美妙享受。西晋文人杜育的《荈赋》是我国历史上第一首正面描写品茶活动的诗赋,可见那时茶汤已经作为品尝的对象,因此,中国的品茶艺术萌芽于西晋时期。

◆ 细煎慢品

中国人的饮茶方式从食、喝、饮逐渐发展到品,但真正将饮茶作为一门生活艺术始于唐代。中唐时期,"茶圣"陆羽在其《茶经》中明确提出"茶之为用,味至寒,为饮最宜精行俭德之人",将品茶上升到道德修养的高度,并且对唐代的煮茶法进行了一系列的规范,形成一整套完整的茶艺程式。显然,在唐代饮茶已不仅是为了满足生理上的需求,而是从视觉的审美愉悦出发,将茶作为充满艺术韵味的审美对象。由此可见,自唐代开始饮茶已经成为富有诗情画意的生活艺术。

2. 饮茶方式的演变

我国饮茶方式主要经历了唐煎、宋点、明清清饮和当代饮法四个阶段。

◆ 唐代煎茶

古代茶道历经东晋到南北朝的饮茶文化积淀,大唐政治、经济、文化的相对高度发展与社会安定,为唐代茶道的形成奠定了丰厚的物质和文化基础。自唐开元年间起,唐人上至天子,下迄黎民百姓,几乎所有的人都不同程度地饮茶。这一时期建立起专门采造宫廷用茶的贡焙,皇族的饮茶方式引发王公贵族争相仿效,且当时活跃于文坛的诗人、画家、书法家、音乐家中不乏嗜茶者,如白居易、颜真卿、柳宗元、刘禹锡、皮日休、陆龟蒙等。这些文人雅士不仅品茶评水,还吟茶诗,作茶画,著茶书,甚至参与培植名茶。他们以茶会友,辟茶室,办茶宴,成为唐代茶饮的一道独特、亮丽的风景线。

在饮茶方式上,唐代主要有煎茶、煮茶和庵茶三种方式。

(1)煎茶

唐中叶开始盛行煎茶,煎茶法是陆羽在《茶经》里所创造、记载的一种烹煎方法,主要有以下步骤:

备茶 陆羽在《茶经》里记载,唐代茶有粗茶、散茶、末茶、饼茶四种。煎茶法用的是饼茶。由于唐时茶叶品类的特点,仅备茶就有几道工序,包括炙茶、碾茶和罗茶三项。

备水 古人饮茶对水的选择较讲究。煎茶以山泉水为上,江中清流水为中,井水汲取多者为下。而山泉水又以乳泉漫流者为上,并将所取水用滤水囊过滤、澄清,去掉泥淀杂质,放在水方之中,置瓢,枓其上。

生火煮水 将事先备好的适于煎茶的木炭(或其他无异味的干枯树枝)用炭挝(小木槌)打碎,投入风炉之中,点燃煮水。

调盐 当水沸如鱼目,微微有声时,为初沸,此时从盛盐盒中取出少许食盐投入沸

水之中,投盐之目的,在于调和茶味。

投茶 当釜边如涌泉连珠之时,为二沸。此时要从釜中舀出水一瓢,以备三沸腾波鼓浪茶沫溢出之时救沸之用。与此同时,以竹夹绕沸水中心环绕搅动,以使沸水温度均衡,并及时将备好之茶末按与水量相应的比例投入沸水之中。

育华 水三沸时,势若奔涛,釜中茶之浮沫溢出,要随时以备好之二沸水浇点茶汤,止沸育华,保证水面上的茶之精华(亦称为"茶花")不被溅出,但应将浮在水面上的黑色沫子除去,以保持所煎茶汤之香醇。

当水再开时,茶之沫饽渐生于水面之上,如雪似花,茶香满室。三沸之后,不宜接着煮,因为水已煮老,不能再饮用,煮茶的水不能多加,否则味道就淡薄了。

分茶 茶汤中珍贵新鲜、香味浓重的部分是釜中煮出的头三碗,最多分五碗。若有五位客人,可分三碗,七位客人时可酌分五碗,六人亦按五碗计。在分茶时要注意,每碗中沫饽要均匀,因沫饽是茶之精华。

饮茶 陆羽在《茶经·六之饮》中强调饮茶一定要趁刚烹好"珍鲜馥烈"时饮用。只有趁热才能品尝到茶之鲜醇而又十分浓烈的芳香,要将鲜白的茶沫、咸香的茶汤和嫩柔的茶饽一起喝下去,茶汤热时,重浊的物质凝结下沉,精华则浮于上表,如果茶汤冷了,精华就随热气散发掉了。没有喝完的茶,精华也会散发掉。

洁器 将用毕之茶器,及时洗涤净洁,收贮于特制的篮中,以备再用。

陆羽的煎茶法,虽然操作程序较繁复,但条理井然。在品茗时特别强调水品之选择和炙、煮茶时火候之掌握,说明水品与火候对引发茶之真香非常重要,而洁其器,才能毕其全功。

**知识
链接**

陆羽与《茶经》

唐代陆羽在总结前人经验的基础上,结合自身的实践,著述了世界上第一部系统阐述茶的著作——《茶经》,第一次较为全面地总结了唐代以前有关茶叶的经验,大力提倡饮茶,推动了茶叶生产和茶学的发展。

陆羽所著《茶经》三卷十章七千余字,分别为:卷一,一之源,二之具,三之造;卷二,四之器;卷三,五之煮,六之饮,七之事,八之出,九之略,十之图。一之源,概述中国茶的主要产地及土壤、气候等生长环境和茶的性能、功用;二之具,讲当时制作、加工茶叶的工具;三之造,讲茶的制作过程;四之器,讲煮茶、饮茶器皿;五之煮,讲煮茶的过程、技艺;六之饮,讲饮茶的方法、茶品鉴赏;七之事,讲中国饮茶的历史;八之出,详细记载了当时的产茶盛地,并品评其高下,记载了全国四十余州产茶情形,对于自己不甚明了的十一个州的产茶之地亦如实注出;九之略,是讲饮茶器具何种情况应十分完备,何种情况可省略何种:野外采薪煮茶,火炉、交床等不必讲究,临泉汲水可省去若干盛水之具。但在正式茶宴上,"城邑之中,王公之门……二十四器缺一则茶废矣。"十之图讲述的是茶室的布置。

《茶经》中所描述的每个环节都使人感受到,饮茶是置身于美的境界中,它将茶饮的方法程序化,辅以美学思想,从而形成优美的意境和韵律,将茶饮上升到了艺术的高度。在其影响下,唐代饮茶开启了品饮艺术的先河,使饮茶成为精神生活的享受。

(2)煮茶

唐代的另一种饮茶法是唐以前就盛行的煮茶法,即把葱、姜、枣、橘皮、薄荷等与茶一起充分煮沸,以求汤滑,或煮去茶沫。陆羽认为,这种方法煮出的茶"斯沟渠间弃水耳,而习俗不已"。现代民间喜爱的打油茶、擂茶等则为原始煮茶的遗风。

(3)淹茶

淹茶就是将茶叶先碾碎,再煎熬、烤干、舂捣,然后放入瓶内或细口瓦器之中,灌上沸水浸泡后饮用。"淹"字原意是半卧半起的疾病,在此表示夹生茶的意思。在唐代,淹茶法不仅在民间流行,而且宫廷中也用此法饮茶。唐佚名的《宫乐图》就描绘了宫廷中用淹茶法冲饮的画面。

《宫乐图》

◆ 宋代点茶

继唐代的辉煌之后,中国经历了五代十国的纷争割据,尽管当时政局动荡,茶文化却未衰反盛,至宋代更为盛行。

(1)点茶

点茶是指将茶叶末放在茶碗里,注入少量沸水调成糊状,然后再注入沸水,或者直接向茶碗中注入沸水,同时用茶筅搅动,茶末上浮,形成粥面。

点茶是一门艺术性与技巧性并举的技艺,这种技艺高超的点茶方式,也是宋代发达的茶文化集大成的体现。如果说唐代的煎茶重于技艺,那么宋代的点茶则更重于意境。

(2)斗茶

点茶可以自煎、自点、自品,也可以两人或两人以上斗茶。

宋代饮茶之风盛行,行内调茶技术评比和茶质优劣的斗茶随之盛行,又名斗茗、茗战。我国斗茶始于唐,盛于宋。在以产贡茶闻名于世的唐代建州茶乡,新茶制成后,茶农们为了评比新茶品第会进行比赛活动。这种活动后来被广泛传播,时间也不再限于采制新茶时,参加者也不仅限于茶农,目的也不限于评比茶叶的品第,而是更重视评比斗茶者点汤、击拂技艺的高低。

(3) 分茶

分茶是宋代流行的一种"茶道",又称茶百戏、汤戏或茶戏。分茶是将茶末放入茶盏,注入沸水,用茶筅击拂茶汤,使茶乳变幻成图形或字迹,茶汤在泛出汤花时,汤花转瞬即逝,要使汤花在这极短的时间内显现出奇幻莫测的物象,需要高超的技艺。

分茶是表现力丰富的古茶艺,也是观赏和品饮兼备的古茶艺,它将茶由单纯的饮品,上升到一定的艺术高度。

◆ **明清清饮**

明清时期,饮茶方式发生了具有划时代意义的变革,改为直接用沸水冲泡的清饮法,将品饮方式推向简单化,宋元时期"全民皆斗"的斗茶之风已衰退,盛行了几个世纪的唐煎、宋点的饮茶法变革成用沸水冲泡的清饮法。

清饮可省去炙茶、碾茶、罗茶三道工序,只要有干燥的茶叶即可。

清饮法只需懂得茶中趣理,具体程序不必如煎茶、点茶那样严格,给品饮者留下自我发挥的空间。明清以来,这种品饮方式广泛深入社会各个阶层,植根于广大平民百姓之中,成为整个社会的生活艺术。

◆ **当代饮茶**

随着沸水冲泡法在明清时期主导地位的确立,清饮成为我国大部分人的主要饮茶方式,同时调饮方式依然存在。随着科学技术的进步、生活节奏的加快,以及与世界其他国家交流的不断深入,当代又出现了一些新的饮茶方式,如袋泡茶、速溶茶、罐装茶饮料等。

当然,在人们的家庭生活中,细品热茶、把壶赏玩的传统饮茶方式仍不会消亡,在新兴的茶艺馆中还会得到继承和弘扬。

(二) 中国少数民族茶俗

茶俗是我国民间风俗的一种,它是中华民族传统文化的积淀,有较明显的地域特性和民族特征。它以茶事活动为中心贯穿于人们的生产、生活,并且在传统的基础上不断演变,成为人们文化生活的一部分。

◆ **擂茶**

擂茶按地域和族群可以分为客家擂茶和湖南(非客家)擂茶两大类。擂茶又名三生汤,一般是用大米、花生、芝麻、绿豆、食盐、茶叶、山苍子、生姜等为原料,用擂钵捣烂成糊状,冲开水和匀,加入炒米,清香可口。

做擂茶时,擂者呈坐姿,双腿夹一个陶制的擂钵,抓一把绿茶放入钵内,握一根半米长的擂棍,频频舂捣、旋转。边擂边向擂钵内添加芝麻、花生仁、草药(如香草、黄花、香树叶、牵藤草)等。待钵中的物质捣成碎泥,茶便擂好了。然后,用一把捞瓢筛滤擂过的茶,投入铜壶,加水煮沸,一时满堂飘香。品擂茶,其味格外浓郁、绵长。

◆ 三道茶

三道茶是云南白族的一种饮茶方式,早在明代时就以其独特的"头苦、二甜、三回味"的茶道成为白族待客交友的一种礼仪。起初,三道茶只是长辈在晚辈出门求学、求艺、经商及新女婿上门时行的一种礼俗,后发展成为白族的特色茶饮方式。

第一道茶,称之为"清苦之茶",寓意做人的哲理——要立业,先要吃苦。

第二道茶,称之为"甜茶"。当客人喝完第一道茶后,主人重新用小砂罐置茶、烤茶、煮茶,与此同时,在茶盅内放入少许红糖、乳扇、桂皮等。

第三道茶,称之为"回味茶"。其煮茶方法与前相同,只是茶盅中的原料已换成适量蜂蜜,少许炒米花,若干花椒粒,一撮核桃仁,茶容量通常为六七分满。第三道回味茶意在告诫人们,凡事要多"回味",记住"先苦后甜"的哲理。

◆ 雷响茶

雷响茶颇具趣味性。主人将茶叶放入砂罐内烧烤一定的时间后,冲入沸水,砂罐内会发出一种似"雷响"的声音。其时,在场的宾客都会集中注意力聆听这种"雷响声",自身的情绪也会随着响声的大小而起伏,人们认为这是一种"吉祥幸福"的象征。接下来即行"煮茶",煮好后将茶汤倒入茶盏,一般要由家中的少女用双手捧茶向客人献茶,以示对客人的敬意。

◆ 龙虎斗

纳西族用茶和酒冲泡调和而成的"龙虎斗"茶,被认为是解表散寒的一味良药。纳西族喝的"龙虎斗"制作方法也很奇特。首先,用水壶将水烧开,与此同时,另选一只小陶罐,放入适量茶,连罐带茶烘烤,为免使茶叶烤焦,要不断地转动陶罐,使茶叶受热均匀。待茶叶发出焦香时,向罐内冲入开水,烧煮3~5分钟。同时,另准备茶盅一只,放入半盅白酒,然后将煮好的茶水冲进盛有白酒的茶盅内。这时,茶盅内就会发出"啪啪"的响声,纳西族同胞将此看作吉祥的征兆,声音愈响,人们就愈高兴。

◆ 竹筒茶

居住在湖南中部的瑶族,云南南部的傣族、哈尼族、景颇族民众有将竹筒茶当菜的习俗。

竹筒茶的制作一般可分三步进行。第一步,装茶。将晒干的春茶或经初加工制成的毛茶装入刚刚砍回的生长期为一年左右的嫩香竹筒中。第二步,烤茶。将装有茶叶的竹筒放在火塘上方的三脚架上烘烤6~7分钟后,用木棒将竹筒内的茶压紧,而后再填满茶烘烤。如此边填、边烤、边压,直至竹筒内的茶叶填满压紧为止。第三步,取茶。待茶叶烘烤完毕,用刀剖开竹筒,取出圆柱形的竹筒茶,以待冲泡。

竹筒茶为圆柱体形,柱体光滑,冲泡后既有茶香,又有竹子的清香,清凉解渴。

◆ 打油茶

打油茶是侗族特有的一种饮食习俗,油茶待客更是侗族的重要礼俗。

具体制作方法:先将煮好的糯米饭晒干,用油爆成米花,再将一把米放进锅里干炒,然后放入茶叶再炒一下,并加入适量的水,开锅后将茶叶滤出放好。待喝油茶时,

上篇 茶文化

47

将事先准备好的米花、炒花生、猪肝、粉肠等放入碗中,将滤好的茶斟入,这就是色香味美的油茶了。

◆ 酥油茶

酥油茶是藏族的特色饮品,多作为主食与糌粑一起食用。千百年来,在与严酷的自然条件作斗争的过程中,藏族人民创造了酥油茶文化。

酥油茶有各种制法,一般是先煮后熬,即先在茶壶或锅中加入冷水,放入适量砖茶或沱茶后加盖烧开,然后用小火慢熬至茶水呈深褐色、入口不苦为最佳。在这样熬成的浓茶里放入少许盐巴,就制成了咸茶,如在盛茶碗里再加一片酥油,使之溶化在茶里,就成了最简易的酥油茶。更为正统的做法则是将煮好的浓茶滤去茶叶,倒入专门打酥油茶的茶桶里,再加入酥油。

初喝酥油茶,第一口异味难耐,第二口醇香流芳,第三口永世不忘。

◆ 奶茶

奶茶原为中国北方游牧民族的日常饮品,至今已有千年历史。

蒙古族、哈萨克族等北方游牧民族做的传统奶茶统称草原奶茶,草原奶茶是所有奶茶的鼻祖,是用砖茶混合鲜奶加盐熬制而成的。北方草原气候寒冷,喝热的咸奶茶可以驱寒。草原奶茶风味独特,奶香浓郁,益于健康。

蒙古族喝的咸奶茶,用的多是青砖茶或黑砖茶,煮茶的器具是铁锅。煮咸奶茶时,应先把砖茶打碎,将洗净的铁锅盛水 2~3 千克,置于火上,烧水至刚沸腾时,加入打碎的砖茶 50~80 克。当水再次沸腾 5 分钟后,掺入牛奶,用奶量为水量的五分之一左右,稍加搅动,再加入适量盐巴。等到整锅咸奶茶开始沸腾时再放少量炒米,其后便可盛入碗中待饮。

◆ 盖碗茶

回族盖碗茶是宁夏回族男女老少普遍饮用的一种茶。盖碗又称"三才碗"、"三才杯",盖为天、碗为人、托为地,暗合天地人之意。

回族喝盖碗茶的讲究:喝时左手拿托盘,右手拿盖碗,不能取掉上面的盖子,也不用嘴吹漂在水面上的茶叶,而应拿起盖子轻轻"刮",刮一下,喝一口。别看这轻轻地一刮,却有许多益处:一刮甜,二刮香,三刮茶露变清汤。刮第一次时,能喝到最先溶化的糖味;刮第二次时,茶与其他佐料的香味完全散发出来,这时茶的味道最好;刮第三次时,只有茶叶淡淡的汤色,只能起到解渴的作用。每刮一次后,将盖子略倾斜地盖上,再从缝隙里吸着喝。

盖碗茶因配料不同而有不同的名称,不同的季节应选用不同的茶叶,主要有红糖砖茶、白糖清茶、冰糖窝窝茶、三香茶(茶叶、冰糖、桂圆)、五香茶(冰糖、茶叶、桂圆、葡萄干、杏干)、八宝茶(红枣、枸杞、核桃仁、桂圆、芝麻、葡萄干、白糖、茶叶)等。

（三）亚洲茶俗

◆ 日本茶道

日本茶道是一种仪式化的、为客人奉茶之事，它将日常生活行为与宗教、哲学、伦理和美学融为一体，成为一门综合性的文化艺术活动。日本茶道源于中国，现在的日本茶道分为抹茶道与煎茶道两种。

 思考：日本抹茶道中对于原料茶的要求有哪些？

日本茶道有繁琐的规程，茶叶要碾得精细，茶具要擦得干净，主持人的动作要规范，既要有舞蹈般的节奏感和飘逸感，又要准确到位。茶道品茶很讲究场所，一般在茶室中进行。接待宾客时，由专门的茶师按照规定的程序和规则依次点炭火、煮开水、冲茶或抹茶，然后依次献给宾客。点茶、煮茶、冲茶、献茶，是茶道仪式的主要部分，都要经过专门的训练。茶师将茶献给宾客时，宾客要恭敬地双手接茶，致谢，而后三转茶碗，轻品，慢饮，奉还，动作要轻盈优雅。饮茶完毕，按照习惯和礼仪，客人要对各种茶具进行鉴赏和赞美。最后，客人离开时需向主人跪拜告别，主人则热情相送。

◆ 韩国茶礼

韩国茶礼作为韩国茶仪式已有千年的历史。韩国茶礼以"和、敬、俭、真"为宗旨："和"，即善良之心地；"敬"，即敬重、礼遇；"俭"，即俭朴、清廉；"真"，即以诚相待。韩国的茶礼种类繁多、各具特色，按名茶类型区分，可分为"末茶法""饼茶法""钱茶法""叶茶法"四种。

◆ 印度茶俗

印度人通常把红茶、牛奶和糖放入壶中，加水煮开后，滤掉茶叶，将剩下的浓似咖啡的茶汤倒入杯中饮用。这种甜茶已经成为印度人日常生活和待客时必不可少的饮品。印度人爱喝奶茶，也爱喝加入姜或小豆蔻的"马萨拉茶"，之所以要"拉"茶，是因为他们相信这有助于完美地将炼乳混合于茶中，从而带出奶茶浓郁的茶香。

印度人的传统饮茶方式很特别，他们会先把茶倒在盘子里，然后用舌头去舔饮，所以又叫"添茶"。印度有"客来敬茶"的风俗习惯，客人到访，主人会请客人席地而坐，客人的坐姿必须是男士盘腿而坐、女士双膝相并屈膝而坐，而后主人给客人奉上一杯甜茶，摆上水果、甜食等茶点。主人第一次敬茶的时候，客人不能立即伸手去接，而要先礼貌地表示感谢和推辞，主人再敬茶，客人才可以接茶杯，且忌用左手递送茶具。

◆ 土耳其茶俗

茶是土耳其当地人民生活的必需品，早晨起床，未曾刷牙用餐，就得先喝杯茶。在土耳其，无论是大中城市，或是小城镇，到处都有茶馆，甚至点心店、小吃店也兼卖茶。

土耳其人煮茶，讲究调制功夫，他们认为只有色泽红艳透明、香气扑鼻、滋味甘醇可口的茶，才恰到好处。土耳其人喜欢喝红茶。煮茶时，使用一大一小两把铜茶壶，待大

茶壶中的水煮沸后,冲入放有茶叶的小茶壶中,浸泡3~5分钟,将小茶壶中的浓茶按各人的需求倒入杯中,最后,将大茶壶中的沸水冲入杯中,再加上一些白糖。

知识点 三 | 茶与中国传统文化

(一) 茶与诗歌

中国数千年留传下来的大量优秀茶诗,是中国诗歌体系中不可或缺的内容,这些茶诗既体现了诗歌的艺术和审美,又反映了茶道的精神和内涵;既提升了茶的品位,又丰富了诗歌的内容,具有独特的文化价值。

1. 两晋、南北朝咏茶诗

两晋、南北朝是我国茶文学的发轫期。西晋文学家左思的《娇女诗》是我国最早提到饮茶的诗歌。陆羽《茶经》中选摘了其中12句:

> 吾家有娇女,皎皎颇白皙。
> 小字为纨素,口齿自清历。
> 有姊字惠芳,眉目粲如画。
> 驰骛翔园林,果下皆生摘。
> 贪华风雨中,倏忽数百适。
> 心为茶荈剧,吹嘘对鼎䥶。

诗中所提"鼎"是一种三足两耳的食器,古人用来煮茶。

西晋张载的《登成都楼诗》和西晋孙楚的《出歌》都是咏茶诗,晋代杜育的《荈赋》是我国早期茶文化和诗文化结合的例证,极其具体地描绘了晋代茶业发展的史实。

2. 唐代咏茶诗

唐朝是中国诗歌的鼎盛时代,诗家辈出。同时,中国的茶业在唐代有了突飞猛进的发展,饮茶风尚在全社会普及开来,品茶成为诗人生活中不可或缺的内容,诗人品茶、咏茶,茶诗大量涌现。

◆ 李白

李白有《答族侄僧中孚赠玉泉仙人掌茶》一诗,其中有:

> 常闻玉泉山,山洞多乳窟。
> 仙鼠如白鸦,倒悬清溪月。
> 茗生此中石,玉泉流不歇。
> 根柯洒芳津,采服润肌骨。

这首诗写名茶"仙人掌茶",是"名茶入诗"最早的诗篇。诗人用雄奇豪放的诗句,对"仙人掌茶"的出处、品质、功效等做了详细的描述,因此这首诗成为重要的茶史资料和咏茶名篇。

◆ 杜甫

杜甫写了6首茶诗。《重过何氏五首》中的第三首描写了品茗题诗之乐,其曰:

> 落日平台上,春风啜茗时。
> 石阑斜点笔,桐叶坐题诗。
> 翡翠鸣衣桁,蜻蜓立钓丝。
> 自今幽兴熟,来往亦无期。

此诗写于汴梁禹王台,诗人于鸟语花香的春日夕阳之下,边啜茗品香,边凭栏赋诗,茶助灵感,诗兴与茶趣融为一体,高雅至极。

◆ 白居易

白居易自称"别茶人",咏茶诗有64首,其中最受推崇的是《茶山境会亭欢宴》一诗,写绝了风云际会品茶斗胜的景象:

> 遥闻境会茶山夜,珠翠歌钟俱绕身。
> 盘下中分两州界,灯前各作一家春。
> 青娥递舞应争妙,紫笋齐尝各斗新。
> 自叹花时北窗下,蒲黄酒对病眠人。

在白氏咏茶诗中,茶与酒常常出现在同一篇中,如"看风小飏三升酒,寒食深炉一碗茶"(《自题新昌居止》);"举头中酒后,引手索茶时"(《和杨同州寒食坑会》)等。

◆ 卢仝

《走笔谢孟谏议寄新茶》是唐代诗人卢仝品尝友人谏议大夫孟简所赠新茶之后的即兴作品,此诗脍炙人口,为千古佳作。

思考:查找并阅读此诗,说一说:诗中描写了煮茶和饮茶的何种境界?该诗在茶文化方面有哪些艺术价值?

◆ 僧皎然

僧皎然有28首茶诗,其《饮茶歌·诮崔石使君》中首咏"茶道":

> 一饮涤昏寐,情思朗爽满天地。
> 再饮清我神,忽如飞雨洒轻尘。
> 三饮便得道,何须苦心破烦恼。

诗中指出茶三饮便可成道,揭示了茶道的修行宗旨。

上篇　茶文化

3. 宋代咏茶诗词

《全宋诗》中有茶诗 5315 余首,有茶词 283 余首,可以说宋代开创了咏茶诗词繁荣昌盛的新局面。

◆ 陆游

陆游自言"六十年间万首诗",是中国存诗最多的著名诗人之一,其中咏茶诗就有三百首之多,也为历代诗人之冠。

陆游的咏茶诗大体上可以分为三类:一是表示对茶事的品鉴精赏;二是表现在品茶中体会到的那种淡泊宁静的人生境界;三是将茶作为联系情感的媒介。

思考:请分别找出陆游三类咏茶诗中的代表作品,并赏析其诗句。

◆ 苏轼

苏轼一生写下了近百首咏茶的诗词。他所作的这些茶诗融茶艺、茶趣于笔端,意境幽美,引人入胜。后人读诗,仿佛与东坡一道神游于山水之间,品茗于松竹之下。

苏轼《试院煎茶》一诗有:"蟹眼已过鱼眼生,飕飕欲作松风鸣。"该诗以沸水的气泡形态和声音来判断水的沸腾程度,描写煎水。其中,蟹目、鱼眼为形辨;松风为声辨,描写的是第二沸时的情景。

苏轼在《雨中过舒教授》中写道:"客来谈无有,洒扫凉冠屦。浓茗洗尘昏,妙香净浮虑。"可见,饮茶不但使人感到宁静与闲适,更使人感到超脱与轻松。饮茶后的生理效应转化为精神上的愉悦感。

苏轼提及茶的诗词有很多。《游惠山》:"明窗倾紫盏, 色味两奇绝。"《送南屏谦师》:"忽惊午盏兔毛斑,打作春瓮鹅儿酒。"《惠源试焙新茶》:"要知玉雪心肠好,不是膏油首面新。"《白云茶》:"白云峰下两旗新,腻绿长鲜谷雨春。"《送刘寺丞赴余姚》:"千金买断顾渚春,似与越人降日注。"

◆ 范仲淹

范仲淹的《和章岷从事斗茶歌》可与唐代卢仝《走笔谢孟谏议寄新茶》相媲美。

这是一首描写斗茶场面的诗作,全诗共六韵二十一联,一气呵成,首尾呼应,读来畅快淋漓。水美、茶美、器美、艺美、境美,直至味美,入眼处,斗茶场面无处不美。这种美还体现在人在斗茶氛围中的反差心态,获胜者往往喜气洋洋,高高在上,宛如天山之石英不可及;失败者则往往垂头丧气,犹如战败降将。

思考:请诵读该诗,并细品诗中斗茶的乐趣。

◆ 黄庭坚

黄庭坚有咏茶诗词 142 首,其中茶词 15 首。《品令》是黄庭坚咏茶词中的奇作,作品描写了碾茶、煮茶、品茶的全过程。唐宋人品茶，十分讲究，须先将茶饼碾碎成末，方能入水煎之，一时水沸如松涛之声。这首词的佳处，就是把当时人们日常生活中，心里虽有而言下所无的感受情趣表达得十分具体，巧妙贴切，耐人寻味。

◆ 白玉蟾

白玉蟾喜爱点茶，诗词中多有描写点茶情趣，他在《水调歌头·咏茶》中写道："枪旗争展，建溪春色占先魁。采取枝头雀舌，带露和烟捣碎，炼作紫金堆。碾破春无限，飞起绿尘埃。汲新泉，烹活火，试将来；放下兔毫瓯子，滋味舌头回。"

白玉蟾喜爱分茶，常以分茶消遣。其《风台遣心·其三》中写道："青尽池边柳，红开槛外花。数时长病酒，今日且分茶。"

白玉蟾也爱斗茶。其《冥鸿阁即事·其一》中写道："腊雪飞如真脑子，水仙开似小莲花。睡云正美俄惊起，且唤诗僧与斗茶。"

宋代韩淲、赵蕃、梅尧臣、释德洪、杨万里、曾几、方岳、周紫芝、陈造、苏辙等也都有茶诗词作品。

4. 金、元代咏茶诗词及曲

《全金诗》中有茶诗117余首，咏者54余人。金代咏茶诗词有一个显著特点，即咏者中有许多道教界名人，充满了道家气息，如王喆的《和传长老分茶》、元好问的《茗饮》等。

《元诗选》中有茶诗345余首，咏者145余人，咏茶诗最多者为张可久，有21首，在体裁方面，新增了元曲，如李德载的《阳春曲·赠茶肆》等。

5. 明代咏茶诗词

明代中国的茶叶生产与贸易都有了很大的发展，但就茶诗成就而论，无论是内容还是形式体裁，比之唐宋逊色不少。明时，诗词在文坛已失去了在唐宋时期的主导地位，让位于小说。

◆ 文徵明

文徵明在诗文上，与祝允明、唐寅、徐真卿并称"吴中四才子"，其题画诗"一重山崦一重溪，犹有人家住水西。行过小桥回首望，焙茶烟起午鸡啼。"描写的是江南茶农们上午采茶，午间回家炒茶，茶山春色，炊烟袅袅的情景。又有诗句："醉思雪乳不能眠""灯前一啜愧相知"等都是描写茶的诗句。

◆ 徐渭

徐渭与解缙、杨慎并称"明代三才子"。徐渭一生嗜茶，无一日不饮茶。他饮的茶多为友人所赠，每得一茶，欣喜之情溢于言表，如其作《某伯子惠虎丘茗谢之》：

虎丘春茗妙烘蒸，七碗何愁不上升。
青箬旧封题谷雨，紫砂新罐买宜兴。
却从梅月横三弄，细搅松风灺一灯。

合向吴侬彤管说,好将书上玉壶冰。

这是一首盛赞虎丘茶的好诗。虎丘茶产于苏州虎丘山,系明代江南名茶,诗人得到友人惠赠的虎丘茶后,极为珍惜,于是秉烛独饮,细啜品味。一把精致的宜兴紫砂茗壶,一曲古韵"梅花三弄",冲泡的茶汤澄明芳香,清如玉壶冰一般。此刻,诗人完全沉醉在茶香之中。

明代,高启、唐寅、汤显祖、钟惺、谭元春、袁宏道等亦都有茶诗词作品。

6. 清代咏茶诗词

清代茶诗词有 1700 余首,咏者达 380 余人,其中清高宗乾隆(爱新觉罗·弘历)有茶诗 230 余首。

◆ **爱新觉罗·弘历**

爱新觉罗·弘历对品茶鉴水尤为嗜好,在位期间,曾六次南巡,因而有机会饱尝各地名茶、美泉,并写下不少咏茶诗篇,如《观采茶作歌》二首、《坐龙井上烹茶偶成》、《荷露烹茶》、《再游龙井》等,是我国历代帝王中写茶诗最多者。

◆ **郑燮**

郑燮,又号板桥,人称板桥先生,他有多首茶诗,如《小廊》中有关于煮茶的诗句:

小廊茶熟已无烟,折取寒花瘦可怜。

寂寂柴门秋水阔,乱鸦揉碎夕阳天。

《小廊》是一首描写品茶心境的诗句,表现了诗人在小廊秋日闲居的情趣,同时通过对小廊景色的描写,表达了一种寂寞、孤独的心境。

清代,徐世昌、施闰章、阮元、樊增祥、袁枚、汪士慎、周亮工等都有茶诗词作品。

7. 现当代咏茶诗词

毛泽东、朱德、董必武、陈毅、郭沫若、赵朴初、启功、苏步青等都有茶诗词作品,如毛泽东的《和柳亚子先生》:

饮茶粤海未能忘,索句渝州叶正黄。

三十一年还旧国,落花时节读华章。

牢骚太盛防肠断,风物长宜放眼量。

莫道昆明池水浅,观鱼胜过富春江。

朱德的茶诗论长寿:

庐山云雾茶,味浓性泼辣。

若得长年饮,延年益寿法。

(二) 茶与绘画

茶画是中华茶文化重要的表现形式。以茶为主题的绘画作品早在唐代就已出现,历代茶画的内容多以描绘煮茶、奉茶、品茶、采茶、以茶会友、饮茶用具等为主。若将这些茶画作品汇集在一起,可形成一部中国几千年茶文化历史图录,具有很高的欣赏价值。

1. 唐代茶事绘画

初唐人物画家阎立本所绘的《萧翼赚兰亭图》是描绘烹茶场面的早期作品。这幅画可以使人遥想唐代煮茶的情景。中唐画家描绘茶事的有张萱、周昉。周昉绘有《调琴啜茗图》,现存的传本画面上共有五人,一人在石上调琴,一人啜茗,一人侧坐一旁,面向调琴者。两旁各站立一侍者,右边的侍者手持茶杯,左边的侍者手持茶盘。

新疆吐鲁番地区曾从唐代墓葬器物中发现一幅绢画《对棋图》,上面绘有一个手持茶托的侍女,由此可以看出在唐代新疆地区也已开始饮茶。

《萧翼赚兰亭图》

《调琴啜茗图》

2. 宋、元时期茶事绘画

南宋画家刘松年有《斗茶图卷》一幅,描写四个茶贩中途休息时斗茶的场景,右上角还有明代书法家俞和书写的卢仝的《走笔谢孟谏议寄新茶》诗全文,由此画可以一窥宋代民间的斗茶风习。

元代赵孟頫的《斗茶图》描绘斗茶的场景尤为细腻生动。画面上有四人,各将茶担放置身旁,四人相向而立,一人右手提着装有茶瓶的茶桶,左手持茶瓶,一副信心满满的神态,似在夸耀自家茶的品质;正对面站立的两人,手持茶杯凝视着他,似在听他介绍,又似胸有成竹地准备同对方"斗试";左上角一人右手持茶瓶向左手的茶杯倾泻茶

《斗茶图卷》(局部)　　　　　　　　　《斗茶图》(局部)

汤,似在准备参加这一场互争高下的角逐。

3. 明代茶事绘画

明代著名的茶画有：

唐寅的《事茗图》。此图画出了两位老友以品茗、听琴消磨闲日的雅趣。卷尾有唐寅书写的诗一首："日长何所事,茗碗自赍持,料得南窗下,清风满鬓丝。"

文徵明的《品茶图》。这是图文并茂的立轴画,画的上方有文徵明手书"茶坞""茶人""茶笋""茶籝""茶舍""茶灶""茶焙""茶鼎""茶瓯""煮茶"十咏诗,并有作者题记。

《事茗图》

明代画家丁云鹏的《玉川煮茶图》。此图生动地再现了唐代茶痴卢仝烹茶的场景,整个画面呈现一种静谧而安详的气氛,衬托出卢仝品茶的幽情雅趣。

4. 清代茶事绘画

清代薛怀的《山窗清供》,清远透逸,别具一格。画中有大小茶壶及茶盏各一,自题五代胡峤诗句："沾牙旧姓余甘氏,破睡当封不夜侯"。

《品茶图》(局部)

《山窗清供》

《玉川煮茶图》

晚清时期,茶画又呈现出新的发展特点,即不断涌现出以写意的花卉小品来表现茶事的画作。"扬州八怪"之一的汪士慎及之后的虚谷、吴昌硕、齐白石、丰子恺等画家都创作了很多以茶为题材的佳作,极大地丰富了茶文化的内涵,如齐白石的《梅花茶具图》等。

(三) 茶与篆刻、书法

1. 茶与篆刻

我国篆刻艺术历史悠久。秦汉以前,茶字印甚少。目前,仅从现存古玺印痕中可以看到"牛茶""侯茶"等印章。

茶印按字义内容大体可分为切题印和题外印两大类。前者即以茶事为题材的印章,后者即不以茶事为题材而有"茶"字印的印章。若以性能分,可分为实用印章和篆刻艺术印章两大类。

《张茶》汉篆圆形白文印,系一张氏以"茶"为名的私印,刊于清代陈介棋所辑《钟山房印举》,是迄今史料中所能见到的最早的茶字印,全印清丽灵动,刚朗洒脱。

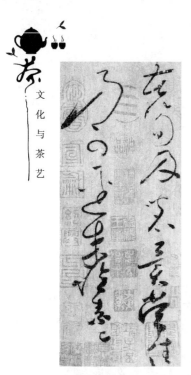

《苦笋贴》局部

2. 茶与书法

茶与书法的联系本质上在于两者有着共同的审美理想、审美趣味和艺术特性,两者以不同的形式,表现了共同的民族文化精神,也正是这种精神将两者联结了起来。

中国书法艺术讲究的是在简单的线条中求得丰富的思想内涵,就像茶与水那样,在简明的色调对比中求得五彩缤纷的效果。它们不求外表的俏丽,而注重内在的生命感,注重从朴实中表现出韵味。

唐代是书法艺术盛行时期,也是茶叶生产高速发展的时期。书法中有关茶的记载逐渐增多,其中著名狂草书法家怀素的《苦笋贴》较有代表性。

宋代,在中国茶史和书法史上都是一个极为重要的时代,可谓茶人迭出,书家群起。茶叶饮用由实用走向艺术化,书法从重法走向尚意。

(四) 叙茶小说

从小说演进的历史看,茶与小说联系紧密。早在魏晋的鬼神志怪小说中就有了茶事的记述,如东晋干宝《搜神记》中有夏侯恺死后饮茶的故事;西汉东方朔著《神异记》中有丹丘子引虞洪采大茗的故事;东晋陶潜所著《续搜神记》中有秦精在武昌山上采茗遇毛人的故事等。

唐宋时期记述茶事的小说有李昉等编的《太平广记》、洪迈的《夷坚志》、佚名的《梅妃传》等。

明清以来,小说中记述描绘茶事的就更多了,如冯梦龙《喻世明言》中有“赵伯升茶肆遇仁宗”;李渔《十二楼·夺锦楼》中有“钱小江生二女连吃四家茶”;吴敬梓《儒林外史》中有“马二先生游西湖访茶店”;李汝珍《镜花缘》中有“小才女燕紫琼绿香亭品茶”;刘鹗《老残游记》中有“申平子与仲姑娘品茗促膝谈心”;李绿园《歧路灯》中有“盛希侨地藏庵品茶”;曾朴《孽海花》中有“侯夫人在英国手工赛会上沏泡武夷茶”;曹雪芹《红楼梦》中也有多处描写烹茶及茶具的场景等。

 知识
链接

 茶圣陆羽

陆羽(733—804),字鸿渐,复州竟陵(今湖北天门)人,号竟陵子、桑苎翁、东冈子,又号“茶山御史”,是唐代著名的茶学家,被誉为“茶仙”,尊为“茶

圣"，祀为"茶神"。

　　陆羽一生富有传奇色彩，他原是个被遗弃的孤儿，三岁的时候，被竟陵龙盖寺住持僧智积禅师在当地西湖之滨拾得，后取得陆羽一名。在龙盖寺，他不但识了不少字，还学会了烹茶事务。尽管如此，陆羽不愿皈依佛法，削发为僧。十二岁时，他乘人不备逃出龙盖寺，到了一个戏班子里学演戏。他虽其貌不扬，又有些口吃，但却幽默机智，演丑角很成功，后来还编写了三卷笑话书《谑谈》。

　　陆羽一生鄙夷权贵，不重财富，酷爱自然，坚持正义。《全唐诗》载有陆羽的一首诗歌："不羡黄金罍，不羡白玉杯；不羡朝入省，不羡暮入台；千羡万羡西江水，曾向竟陵城下来。"

　　陆羽一生嗜茶，精于茶道，以著有世界第一部茶叶专著《茶经》而闻名于世。他开启了一个茶的时代，为世界茶业发展做出了卓越贡献。

知识点 四 ｜ 茶道的融合

（一）茶道四谛

　　茶道是一种以茶为媒介的生活礼仪，也是一种能给人们带来审美愉悦的品茗艺术，更是一种修身养性、感悟真谛的方式。

　　一般认为，中国茶道诞生于中唐。陆羽《茶经》的问世，促使中唐以前的粗放式饮茶转变为艺术品饮，标志着中国茶道的初步形成。

　　目前业界普遍认为，中国茶道以"四谛"为总纲，即"和、静、怡、真"。其中，"和"是中国茶道哲学思想的核心，是茶道的灵魂；"静"是中国茶道修习的必由之路；"怡"是中国茶道修习实践中的心灵感受；"真"是中国茶道的终极追求。

◆ 和——中国茶道哲学思想的核心

　　"和"是中国茶道的灵魂，是中国茶道哲学思想的核心。

　　茶道所追求的"和"源于《周易》中的"保合大和"。"保合大和"的意思是指世间万物皆由阴阳两要素构成，阴阳协调，保全大和之元气以普利万物，才是人间正道。陆羽

风炉

在《茶经》中对此论述得很详细,惜墨如金的陆羽不惜用近二百五十个字来描写他设计的风炉,并指出风炉用铁铸"从金";放置在地上"从土";炉中烧的木炭"从木";木炭燃烧"从火";风炉上煮着茶汤"从水"。煮茶的过程就是金、木、水、火、土五行相生相克并达到和谐平衡的过程。因此,陆羽在风炉的一足上刻有"体均五行去百疾"七个字,可见保合大和、阴阳调和、五行调和等理念是茶道的哲学基础。

"以茶待客"是中国的习俗。有客人来,端上一杯芳香的茶,是对客人极大的尊重,即使客人不来,也可通过送茶表示亲友间的情谊。宋代《东京梦华录》记载:开封人人情高谊,见外方人之被欺凌,必众来救护,或有新来外方人住京,或有京城人迁居新舍,邻里皆来献茶汤,或者请到家中去吃茶,称为"支茶"。在现代生活中,人们仍保留着以茶待客,以茶交友,通过茶来表示情意的传统。不论是宋代汴京邻里的"支茶",还是现代人以茶待客和以茶交友,茶都是礼让、友谊的象征,都是亲和、和谐的体现。

◆ 静——中国茶道修习的必由之路

中国茶道是修身养性之道,"静"是中国茶道修习的必由之路。如何通过小小的茶壶体悟宇宙的奥秘,如何通过淡淡的茶汤品味人生,如何通过茶事活动明心,如何通过茶道的修习锻炼人格,超越自我,所有问题的答案都只有一个字,那便是"静"。

庄子曰:"以虚静推于天地,通于万物,此谓之天乐。"(《庄子·天道》)。中国茶道正是通过茶事创造一种宁静的氛围和空灵虚静的心境,当茶的清香静静地浸润你的心田和肺腑的每一个角落时,你的心灵便在虚静中显得空明,你的精神便在虚静中升华净化,你将在虚静中与大自然达到天人合一的境界。宋代大儒程颢在《秋日偶成》中写道:"闲来无事不从容,睡觉东窗日已红。万物静观皆自得,四时佳兴与人同。道通天地有形外,思入风云变态中。富贵不淫贫贱乐,男儿到此是豪雄。"得一"静"字,便可洞察万物,道通天地,思入风云,心中常乐,且可成为男儿中之豪雄,足见儒家对"静"也是推崇备至。

道家主静,儒家主静,佛家更主静。我们常说"禅茶一味",即指专心一意,沉思冥想,排除一切干扰,以静坐的方式去领悟佛法真谛。

古往今来,无论是羽士还是高僧,都不约而同地把"静"作为茶道修习的必经大道。因为静则明,静则虚,静可虚怀若谷,静可内敛,静可洞察明澈,体道入微,可以说:"欲达茶道通玄境,除却静字无妙法。"

◆ 怡——中国茶道修习实践中的心灵感受

"怡"表示和悦、愉快之意。在中国茶道中,"怡"是茶人在从事茶事过程中的身心享受。中国茶道是雅俗共赏之道,它体现于平凡的日常生活之中,不讲形式,不拘一格,突出体现道家"自恣以适己"的随意性。同时,不同地位、不同信仰、不同文化层次的人对茶道有不同的追求。王公贵族讲茶道,重在"茶之珍",意在炫耀权势,夸示富贵,附庸风雅;文人学士讲茶道重在"茶之韵",意在托物寄怀,激扬文思,交朋结友;佛家讲茶道重在"茶之德",意在驱困提神,参禅悟道,见性成佛;道家讲茶道重在"茶之功",意在品茗养生,保生尽年,羽化成仙;普通老百姓讲茶道则重在"茶之味",意在去腥除腻,涤烦解渴,享乐人生。无论什么人,都可以在从事茶事的过程中获得生理上的快感和精神上的畅适。参与中国茶道可抚琴歌舞,可吟诗作画,可观月赏花,可论经对弈,可独对山水,可翠娥捧匜,可潜心读《易》,亦可置酒助兴。儒生可"怡情悦性",羽士可"怡情养生",僧人可"怡然自得"。连朱熹那样的大理学家,在参与茶道时也感到"心旷神怡"。中国茶道的这种怡悦性,使得它具有极广泛的群众基础。这种怡悦性也正是区别于强调"清寂"的日本茶道的根本标志之一。

◆ 真——中国茶道的终极追求

中国人不轻易说"道",一旦论道,就会执着于"道",追求道的"真"。"真"是中国茶道的起点,也是中国茶道的终极追求。"真"不全是真假的真,也有人生真善美的真。"真"是参悟,是透彻,是从容,是宇宙。

中国茶道在从事茶事时讲究的"真",不仅包括茶应是真茶、真香、真味,环境是真山、真水,悬挂的是名家名人的真迹,器具最好是真竹、真木、真陶、真瓷,还包括对人要真心,敬客要真情,说话要真诚,心境要真的悠闲。茶事的每个环节都要认真,每个环节都要求真。

中国茶道所追求的"真"有三重含义:

其一是追求道之真,即通过茶事活动追求对"道"的真切体悟,达到修身养性,品味人生之目的。

其二是追求情之真,即通过品茗述怀,使茶友之间的真情得以发展,达到茶人之间互见真心的境界。

其三是追求性之真,即在品茗过程中,真正放松自己,在无我的境界中去放飞自己的心灵,放牧自己的天性,达到"全性保真"。爱护生命,珍惜生命,让自己的身心都更健康、更畅适。

(二) 茶道的升华

中国茶道受到儒、释、道等诸多思想的影响和渗透,其内涵不断丰富和发展。儒、释、道三家都与中国茶文化有很深的渊源,没有儒、释、道,茶无以形成文化。道家的自然境界,儒家的人生境界,佛家的禅悟境界,融汇成中国茶道的基本格调。

1. 茶与道教

唐代陆羽的《茶经》明显受到道家思想和道教文化的深刻影响。陆羽在《茶经·一之源》中说道:"茶之为用,味至寒,为饮最宜精行俭德之人。"这句话的含义与道教崇简抑奢的信条很相似。陆羽设计的风炉,则贯穿了易经八卦和阴阳五行学说。

◆ 道教与茶道

"道"是中国传统哲学中的重要范畴。老子《道德经》言："有物混成，先天地生……可以为天下母。吾不知其名，字之曰道。"又云："道生一，一生二，二生三，三生万物。"

茶生于名山大川，承甘露之滋润，蕴天地之精气，大自然赋予其清新恬淡之秉性与恬静超脱之情怀，这与道家淡泊、清灵的心态深相契合，因此，道家"致虚守静"的观念自然而然地渗透到茶道中，成为中国茶道最基本的精神之一。这种观念在茶道中表现为"茶须静品"，也就是说，人们在饮茶之时，通过营造一种宁静气氛和空灵虚静的心境，让茶的甘甜芬芳静静地浸润心田肺腑，使每一位茶人的心灵在虚静中显得空明，精神在虚静中得到升华与净化，思维在虚静中与大自然融为一体，达到物我相忘、天人合一的最高境界。

唐代诗人温庭筠有《西陵道士茶歌》："乳窦溅溅通石脉，绿尘愁草春江色。涧花入井水味香，山月当人松影直。仙翁白扇霜鸟翎，拂坛夜读《黄庭经》。疏香皓齿有余味，更觉鹤心通杳冥。"这首诗向人们展示了一个虚静空明的茶道境界，这是以"致虚守静"为旨归的道家思想影响的必然结果。

从魏晋南北朝时期茶道的萌芽，到中唐时期茶道的最终形成，茶道处处打上了道教思想的深刻印迹。道家的自然天道观与阴阳五行学说，道教所提倡的清静无为、顺应自然、崇简抑奢的观念，以及致虚守静的修养方式，都在一定程度上对中国茶道的形成和发展产生了影响。林治先生在《中国茶道》一书中曾经指出："儒学是中国茶道的筋骨，道学是中国茶道的灵魂，佛学为中国茶道增添了神韵。"道家的自然天道观是中国人精神生活和思想观念的一个源头。老子《道德经》言："人法地，地法天，天法道，道法自然。"在老子心目中，"道"是自然而然地"无为而无不为"的，它不是外力使然的，表现为一种决无勉强、自然而然的精神状态，因此，"道"的本身即"自然之道"。庄子的学说，也是有关"自然之道"的哲学，但它在想象和思维方面更显超凡脱俗。郭象在为庄子《齐物论》作注时说："自己而然，则谓之天然。天然耳，非为也，故以天言之。"在这里，"天然"与"自然"意义相通。道家的自然天道观和顺应自然的行为原则，为中国茶道注入了崇尚自然、崇尚简朴及求真求美的理念。

中国茶道中崇尚简朴、返朴归真的理念，在茶品、茶具、茶人、茶境四个方面都有深刻而集中的表现。从张华"饮真茶令人少眠"、桓温"常仰真茶"，到唐宋时期团饼茶统摄茶坛数百年，再到明清时期茶人们极力反对加珍果香药的团饼茶，大力推崇炒青散茶，因"天然者自胜耳"，进而实现茶叶品类从饼茶到散茶的飞跃。茶叶品类的变迁，当然是各种因素综合作用的结果，但其中隐含着中国茶道求真求美、顺应自然的理念。茶道尚朴尚雅、反对奢华的观念，在自唐以来的茶具变迁上，无疑是明显的和一贯的，而历代茶人对品茶环境的重视，主张在大自然的怀抱中享受品茶之乐，更是茶道崇尚自然观念的集中反映。

◆ 茶与真人

作为饮茶风俗的倡导者和推行者，真人道士出于修道成仙、养生延命的目的，越来越大规模地介入茶事，推广茶道，在道教礼仪、祀典、斋醮之中，也开始出现茶的身影。真人道士品茶,带上了对生命的热爱和超尘脱俗的意识,从而赋予中国茶文化空灵虚静的意境。唐朝道士李冶、施肩吾、吕岩、郑邀,五代时期高道杜光庭等都精于茶道。他们创作的那些充满道家情调的美妙诗句,无一不显示出对羽化成仙的追求和对生命的热爱,有一种超凡脱俗、空灵虚静之美。

2. 茶与佛教

◆ 佛教与茶道

佛教于公元前6世纪到公元前5世纪间创立于古印度,传入中国约在两汉之际,经由魏晋南北朝的传播与发展,到隋唐时达到了鼎盛。茶道则兴于唐,盛于宋。在陆羽的《自传》和《茶经》中都有对佛教的颂扬及对僧人嗜茶的记载,可以说,中国茶道从萌芽开始,就与佛教有千丝万缕的联系,特别是茶与禅的关系,僧俗两方面都津津乐道并广为世人所知的便是"禅茶一味"。

最初,茶是僧人不可替代的饮品,而僧人与寺院又促进了茶叶生产的发展和制茶技术的进步。于是,在茶事实践中,茶道与佛教在思想内涵方面出现了越来越多的共通之处。

(1)"苦"

佛理博大无垠,但以"四谛"为总纲。参禅就是要看破生死观,达到大彻大悟,以求得对"苦"的解脱。

茶性亦苦。李时珍在《本草纲目》中记载:"茶苦而寒,阴中之阴,最能降火,火为百病,火降则上清矣",茶先苦后甜、苦中有甜的特性,可以让佛家产生诸多联想,帮助修习佛法的人品味人生,参破"苦谛"。

(2)"静"

茶道讲究"和、静、怡、真"。佛教也主静,佛教坐禅时的五调(调心、调身、调食、调息、调睡眠),以及佛学中的"戒、定、慧"三学也都以静为基础。佛教禅宗就是从"静"中创出来的。在静坐静虑中人难免疲劳犯困,这时能提神益思、克服睡意的茶便顺理成章地成了参禅者最好的"朋友"。

(3)"凡"

日本茶道宗师千利休曾说过:"须知道茶道之本不过烧水点茶。"此话一语道破茶道的本质。茶道是从微不足道、琐碎平凡的生活中去感悟宇宙的奥妙和人生的哲理,通过平凡的小事领悟大道。

(4)"放"

人生的一切苦恼都是因为"放不下",所以佛教修行就特别强调要"放下"。放下了压于心灵的一切包袱后,人自然会轻松无比,看世界也都是天蓝海碧、山清水秀、心旷神怡。

"吃茶去"一词,既是中国人以茶待客、用茶联谊的惯用语,也是佛教界的禅林法语。

上篇 茶文化

知 识
链 接

"吃茶去"

唐代从谂禅师,俗姓郝,曹州郝乡人(今山东内),幼年出家,不久南下参谒泉普原学得南宗禅的奇峭,凭借自己的聪明灵悟,将南宗禅向前发展了一大步。以后,常住赵州观音寺,人称"赵州和尚"。

一天,寺里来了个新和尚。新和尚过来拜见,赵州和尚问:"你来过这里吗?"

"来过。"

"吃茶去。"

新和尚连忙改口:"没来过。"

"吃茶去。"赵州和尚仍说这句话。

在一旁的院主不解,上前问:"怎么来过这里,叫他吃茶去,没来过这里,也叫他吃茶去?"赵州和尚回答:"吃茶去。"这便是千古禅林法语"吃茶去"的来历。近人赵朴初题诗吟咏:"七碗受至味,一壶得真趣。空持百千偈,不如吃茶去。"

◆ 佛教对茶道发展的贡献

自古以来僧人多爱茶、嗜茶,并以茶为修身静虑之侣。为了满足僧众的日常饮用和待客之需,寺庙基本都有自己的茶园。同时,在古代,寺庙也是最有条件研究并发展制茶技术和茶文化的场所。我国有"自古名寺出名茶"的说法。僧人对茶的需要客观上推动了茶叶生产的发展,同时为茶道的形成提供了物质基础。

此外,佛教对茶道发展的贡献主要体现在三个方面:

第一,高僧们写茶诗、吟茶词、作茶画,或与文人唱和茶事,丰富了茶文化的内容。如唐代的皎然、灵一、齐己;宋代的省念、法远、法演;明代的慧秀、怀让;清代的弘仁、石涛、虚谷等均有茶作传世。

第二,佛教"梵我一如"的哲学思想及"戒、定、慧"三学的修习理念,深化了茶道的思想内涵,使茶道更具神韵。

第三,佛门的茶事活动客观上促进了茶文化的传播,并丰富了茶道的表现形式。郑板桥有一副对联:"从来名士能评水,自古高僧爱斗茶。"寺院持续不断的茶事活动,对提高茗饮技法,传播茗饮习俗,规范茗饮礼仪等起到了一定的积极作用。

◆ 茶与僧人

寺院中以煮茶、品茶闻名者代不乏人。五代十国吴僧文了善烹茶,游历荆南,被誉为"汤神"。唐代才僧皎然,嗜茶如命,也善品茶,留下许多有关赏茗的诗篇,也正是他开始将茶理与禅理结合起来,如其茶歌《饮茶歌·诮崔石使君》。

宋代南屏谦师妙于茶事,云"得之于心,应之于手,非可以言传学到者",同时代的还有僧人福全,擅长"茶百戏",名闻一时。宋代一些寺院还举办"斗茶"活动,如余杭径山寺经常举行由僧人、香客参加的茶宴,以鉴别各种茶叶的质量,并发明了把幼嫩的优质芽茶碾成粉末,用沸水冲泡的"点茶法",这一切都极大地繁荣了我国的茶文化。

思考:茶在寺庙佛教徒修行中的作用有哪些?

3. 茶与儒家

儒家并非一种宗教,但它在中国人的思想中打下了根深蒂固的烙印,具有旺盛的生命力。

儒家崇尚"中庸之道",中庸之道亦被看成我国人民的智慧,它反映了我国人民对和谐、平衡及友好精神的认识与追求。茶虽然对人的神经有一定的刺激、兴奋作用,但它的基本诉求是"和而不乱,嗜而敬之"。茶能使人在世俗中以茶礼仁,以茶静心,品茗时达到静怡的心境,同时清雅的环境、融洽的茶友,包含着丰富的儒家美学思想。

◆ "中庸和谐"与中国茶文化中的"和之美"

(1) 儒家从"大和"的哲学理念中推出"中庸之道"的中和思想

"和"就是恰到好处,指不同事物或对立事物的和谐统一,它涉及世间万物,也涉及生活实践的各个领域,又扩展到极为广泛的文化范畴,内涵极为丰富。中国茶文化就是由中庸和谐的中国人民培育浇灌而成的,因而讲究和谐已成为中国茶文化应有的内在特质。

(2) 要达到中庸和谐,礼的作用不可忽视

礼所追求的是和谐,而茶的属性所能产生的效果就是和谐,因而讲究茶礼便成了中国茶文化的一个重要内容。中国人特别注重"茶缘"。所谓"茶缘",就是以茶会友,以茶待客,强调"君子之交淡如水",中国茶文化的意蕴在于表达中国人民的一种生活情趣、人格理想和审美境界。

◆ 儒家积极的人生观与中国的茶德思想

儒家的人生观是积极的、乐观的。在这种人生观的影响下,中国人总是充满信心地展望未来,也更积极地重视现实人生,我们往往能从日常生活中找到乐趣,中国的茶文化中也蕴含着积极的、济世的乐观主义精神。我国古代嗜茶者比比皆是,苏东坡因自己嗜茶,故想不通当年晋人刘伶何以长期沉湎于酒中。唐代韦应物则在《喜园中茶生》中写到自己于政事之余栽种茶树,表达了亲手种植茶树、观荒园茶生的喜悦心情。

思考：请查找相关资料，了解以下中国著名的茶事典故。

一、孙皓赐茶代酒

二、陆纳杖侄

三、单道开饮茶苏

四、王濛与"水厄"

五、王肃与"酪奴"

六、李德裕与惠山泉

七、皮光业以茗为"苦口师"

八、王安石试水

九、苏东坡梦泉

十、李清照饮茶助学

十一、茶马古市

十二、贡茶得官

岗位知识三

茶艺

茶艺是茶文化的重要组成部分，是茶文化中最具特征、最富感染力的部分。茶艺表演是在茶艺的基础上产生的，它是通过各种茶叶冲泡技艺的形象演示，科学地、生活化地、艺术性地展示泡饮过程，使人们在精心营造的优雅环境氛围中，得到美的享受和熏陶。

知识点 一   从茶具到茶器

（一）茶具和茶器

茶具和茶器在中国古代有不同的寓意。古代茶具，与现代人所说的"茶具"不同，古代"茶具"主要指的是采茶、制茶的工具；古代"茶器"，则是指完成一定礼仪，使饮茶至好至精的器皿，用器的过程，也是享受制汤、造华的过程。陆羽在《茶经》中，按唐代饮茶全过程开列出饮茶所需器具 24 种，并称为"茶器"，而将采制茶叶所需的器具，称为"茶具"，这一区分一直沿袭到北宋。蔡襄在写《茶录》时仍然称饮茶所需器具为"茶器"。到了南宋，审安老人写《茶具图赞》时，才将以往饮茶时所需的茶器改称为茶具，并一直沿用至今。

现代人一般将将"茶具"和"茶器"混用，本书的观点是，在讲器皿本身如茶壶、茶杯、茶针时可单独称其为"茶具"，而当这些器皿为茶席服务，为环境氛围营造服务，为茶服务时应称其为"茶器"。

（二）茶具种类

中国茶具历史悠久，从时间上可划分为古代茶具、近代茶具和现代茶具；从功能上可划分为饮具、煮具、贮具、洁具和辅具等;从性能上可划分为日常茶具、特供茶具、工艺茶具、保健茶具等;从茶具质地上可划分为陶土茶具、瓷器茶具、金属茶具、玻璃茶具、漆器茶具、竹木茶具、石茶具、塑料茶具等。

1. 陶土茶具

陶土器具是新石器时代的重要发明。最初是粗糙的土陶,后逐步演变为比较坚实的硬陶,再发展为表面敷釉的釉陶。

陶土茶具中享誉海内外的是宜兴紫砂茶具。紫砂茶具早在北宋初期就已经崛起,成为独树一帜的优秀茶具,明代时大为流行。紫砂壶烧制的原料为紫砂泥,紫砂泥分为三种,即紫泥、绿泥和红泥,统称"紫砂泥",因其产于江苏宜兴,故称宜兴紫砂。

◆ **紫砂壶的发展历史**

(1)起源

在中国紫砂文化史上,供春是一个起开创作用的人物。明代正德年间,供春参照

寺院内大银杏树的树瘿,烧制出了"指螺纹隐起可按"的壶,这把壶古朴可爱,于是这种仿照自然形态的紫砂壶一下子出了名,人们都叫它"供春壶"。

供春将此技艺传于时大彬,时大彬的紫砂壶风格高雅脱俗,造型流畅灵活,他与其弟子徐友泉、李仲芳并称万历以后明代三大紫砂"妙手"。

供春壶

(2)清代紫砂名家

第二代紫砂壶大师为清初的陈鸣远、惠孟臣。陈鸣远将生活中常见的栗子、核桃、花生、菱角、荸荠、荷花、青蛙等造型入壶,工艺精雕细镂,善于堆花积泥,使紫砂壶的造型更加生动、形象、活泼,使传统的紫砂壶变成了有生命力的雕塑艺术品,充满了生机与活力。

第三代紫砂壶大师是清嘉庆、道光年间的陈鸿寿和杨彭年。陈鸿寿的第一大贡献是把诗文书画与紫砂壶陶艺结合起来,在壶上用竹刀题写诗文,雕刻绘画;第二大贡献是他凭着天赋,即兴设计了诸多款式新奇的紫砂壶,最为典型的是"曼生十八式",为紫砂壶创新带来了勃勃生机。他与杨彭年的合作,堪称典范。

(3)当代紫砂大师

当代紫砂大师首推顾景舟,顾老潜心紫砂陶艺六十余年,手艺炉火纯青,登峰造极,闻名遐迩。

◆ **紫砂壶的优点**

紫砂壶之所以受到茶人喜爱,不仅因为其造型美观,而且用来泡茶有许多优点:

(1)紫砂是一种双重气孔结构的多孔性材质。

紫砂壶气孔微细,密度高,用紫砂壶沏茶,不失原味。

(2)紫砂壶透气性能好。

使用紫砂壶泡茶不易变味,暑天隔宿不馊。久置不用,也不会有宿杂气,只要用时

先满贮沸水,立刻倾出,再浸入冷水中冲洗,元气即可恢复,泡茶仍得原味。

(3) 紫砂壶能吸收茶汁。

紫砂壶内壁不刷,涤茶绝无异味。紫砂壶经久使用,壶壁积聚"茶锈",以致空壶注入沸水,也会茶香氤氲,这与紫砂壶胎质具有一定的气孔率有关,是紫砂壶独具的品质。

(4) 紫砂壶冷热急变性能好。

寒冬腊月,壶内注入沸水,绝对不会因温度突变而胀裂,同时砂质传热缓慢,泡茶后握持不会炙手,且可以置于文火上烹烧加温,不会因受火破裂。

(5) 紫砂使用越久,壶身色泽越发气韵温雅。

紫砂壶长久使用,器身会因抚摸擦拭,变得越发光润可爱,所以闻龙在《茶笺》中说:"摩掌宝爱,不啻掌珠。用之既久,外类紫玉,内如碧云。"《阳羡茗壶系》说:"壶经久用,涤拭日加,自发黯然之光,入手可鉴。"

◆ 紫砂壶的分类

(1) 紫砂壶按工艺可分五大类:光身壶、花果壶、方壶、筋纹菱花壶、陶艺装饰壶。

光身壶以圆为主,它的造型是在圆形的基础上加以演变,用线条、描绘、铭刻等多种手法来制作,满足不同藏家的爱好。

花果壶是以瓜、果、树、竹等自然界的物种为题材,加以艺术创作,使其充分表现出自然美和返朴归真的寓意。

方壶是以点、线、面相结合的造型。方壶来源于器皿和建筑等题材,以书画、铭刻、印板、绘塑等作为装饰手段,壶体壮重稳健,刚柔相间,更能体现人体美学。

筋纹菱花壶俗称"筋瓢壶",壶顶中心向外围射出规则线条,竖直线条称筋,横线称纹,故也称"筋纹器"。

陶艺装饰壶是一种是圆非圆,是方非方,是花非花,是筋非筋的抽象形体的壶,可采用油画、国画之图案和色彩来装饰,有传统又非传统的陶器艺术。

(2) 紫砂壶按行业可分为三大类:花货、光货和筋货。

花货 自然形,采用雕塑技法或浮雕、半圆雕装饰技法捏制茶壶,将生活中所见的各种自然形象和各种物象的形态以艺术手法设计成茶壶造型,如松树段壶、竹节壶、梅干壶、西瓜壶等,富有诗情画意,生活气息浓郁。明代供春树瘿壶是已知最早的花货紫砂壶。

光货 几何形,特点是壶身为几何体,表面光素。光货又分为圈货、方货两大类。圈货,即茶壶的横剖面是圆形或椭圆形,如圆壶、提梁壶、仿鼓壶、掇球壶等;方货,即茶壶的横剖面是四方、六方、八方等,如僧帽壶、传炉壶、瓢棱壶等。

筋货 根据生活中所见的瓜棱、花瓣、云水纹等创作出来的造型样式。这类壶艺要求口、盖、嘴、底、把都作成筋纹形,与壶身的纹理相配合,这使得该工艺手法达到了无比严密的程度。近代常见的筋纹器造型有合菱壶、丰菊壶等。

 知识链接

宜兴紫砂壶的鉴定

鉴定宜兴紫砂壶优劣的标准归纳起来可以用五个字来概括:"泥、形、工、款、功"。

1. 泥

紫砂壶得名于世,固然与它的制作分不开,但根本的原因,是其制作原材料紫砂泥的优越特性。根据现代科学的分析,紫砂泥的分子结构确有与其他泥不同的地方,即便同是紫砂泥,其结构也有细微的差别。原材料不同,给人的感官感受也就不尽相同,功能和效用也有所区别。因此,评价一把紫砂壶的优劣,首先要看泥的优劣。

2. 形

对于紫砂壶之形,素有"方非一式,圆不一相"之赞誉,紫砂壶追求的是意境。

3. 工

点、线、面,是构成紫砂壶形体的基本元素,在紫砂壶成型过程中,犹如工笔绘画一样,起笔落笔、转弯曲折、抑扬顿挫,都必须交代清楚。面,须光则光,须毛则毛;线,须直则直,须曲则曲;点,须方则方,须圆则圆,都不能有半点含糊。按照紫砂壶成型工艺的特殊要求,壶嘴与壶把要绝对在一条直线上,并且分量要均衡,壶口与壶盖结合要严紧。

4. 款

款即壶的款识。鉴赏紫砂壶款的意思有两层:一层意思是鉴别壶的作者是谁,或题诗镌铭的作者是谁;另一层意思是欣赏题词的内容、镌刻的书画、印款等。

5. 功

所谓"功"是指壶的功能美。紫砂壶与其他艺术品最大的区别就在于,它是实用性很强的艺术品,它的"艺"全在"用"中"品",如果失去"用"的意义,"艺"亦不复存在。所以,千万不能忽视壶的功能美。紫砂壶的功能美表现在容量适度、高矮得当、盖严紧、出水流畅等方面。

2. 瓷器茶具

我国瓷器茶具的品种很多,主要有青瓷茶具、白瓷茶具、黑瓷茶具、彩瓷茶具和红瓷茶具等。这些茶具在中国茶文化发展史上都曾有过辉煌的一页。

◆ 青瓷茶具

青瓷茶具以浙江生产的最为有名。早在东汉年间,浙江就已开始生产色泽纯正、透明发光的青瓷。晋代浙江的越窑、婺窑、瓯窑已具相当规模。宋代,作为当时五大名窑之一的浙江龙泉哥窑生产的青瓷茶具,已达到鼎盛时期,远销各地。明代,青瓷茶具更以其质地细腻,造型端庄,釉色青莹,纹样雅丽而蜚声中外。16世纪末,龙泉青瓷出口法国,轰动整个法兰西,被视为稀世珍品。这种茶具色泽青翠,用来冲泡绿茶,更有益呈现汤色之美。

◆ 白瓷茶具

白瓷茶具有胚质致密透明,上釉、成陶火度高,无吸水性,音清而韵长等特点。白瓷茶具因洁白透亮,能映出茶汤色泽,传热、保温性能适中,加之色彩缤纷,造型各异,而称饮茶器皿之珍品。早在唐时,河北邢窑生产的白瓷器具已“天下无贵贱通用之。”唐朝白居易还作诗盛赞四川大邑生产的白瓷茶碗。元代,江西景德镇白瓷茶具已远销国外,这种白釉茶具适合冲泡各类茶叶,加之造型精巧,装饰典雅,其外壁多绘有山川河流、四季花草、飞禽走兽、人物故事,或缀以名人书法,颇具艺术欣赏价值,因此使用最为普遍。

◆ 黑瓷茶具

黑瓷茶具,始于晚唐,鼎盛于宋,延续于元,微衰于明、清,这是因为自宋代开始,饮茶方法已由唐时煎茶法逐渐变为点茶法,而宋代流行的斗茶,为黑瓷茶具的崛起创造了条件。宋代祝穆在《方舆胜览》中道:“茶色白,入黑盏,其痕易验。”所以,黑色茶盏成为宋代瓷器茶具中的最大品种。黑瓷茶具的窑场中,建窑生产的“建盏”最为人称道。由于“建盏”配方独特,在烧制过程中使釉面呈现兔毫条纹,一旦茶汤入盏,即能放射出五彩纷呈的点点光辉,增加了斗茶的情趣。

◆ 彩瓷茶具

彩瓷茶具的品种、花色很多,其中尤以青花瓷茶具最引人注目。

直到元代中后期,青花瓷茶具才开始成批生产,特别是景德镇,成为中国青花瓷茶具的主要生产地。由于青花瓷茶具绘画工艺水平高,特别是将中国传统绘画技法运用在瓷器上,因此也可以说这是元代绘画的一大成就。明代,景德镇生产的青花瓷茶具,诸如茶壶、茶盅、茶盏,花色品种越来越多,质量愈来愈精,无论是器形、造型,还是纹饰,都冠绝全国,成为其他生产青花瓷茶具窑场模仿的对象。清代,特别是康熙、雍正、乾隆时期,青花瓷茶具在古陶瓷发展史上,又登上了一个历史高峰。康熙年间烧制的青花瓷器具史称“清代之最”。

◆ 红瓷茶具

明代永宣年间出现的祭红,娇而不艳,红中透紫,色泽深沉而安定。古代皇室用这种红釉瓷作为祭器,因而得名祭红。因红瓷烧制难度极大,成品率很低,所以身价特高。古人在制作祭红瓷器时,可谓不惜工本,用料如珊瑚、玛瑙、寒水石、珠子,直至黄金,可是烧成率仍然很低,故有“千窑难得一宝,十窑九不成”的说法。

上篇 茶文化

3. 金属茶具

金属茶具是我国最古老的日用器具之一,先人用青铜制盘盛水,制作爵、尊盛酒,这些青铜器皿自然也可用来盛茶。

金属茶具是指由金、银、铜、铁、锡等金属材料制作而成的茶具。20 世纪 80 年代中期,陕西扶风法门寺出土的一套由唐僖宗供奉的鎏金茶具,可谓是金属茶具中罕见的稀世珍宝。但从宋代开始,人们对金属茶具褒贬不一。元代以后,特别是从明代开始,随着茶类的创新,饮茶方式的改变,以及陶瓷茶具的兴起,金属茶具逐渐消失,尤其是用锡、铁等金属制作的茶具。人们认为用它们来煮水泡茶,会使"茶味走样",但用金属制成贮茶器具,如锡瓶、锡罐等,却屡见不鲜。这是因为金属贮茶器具的密闭性要比纸、竹、木、瓷、陶等好,具有较好的防潮、避光性能,更利于散茶的保存。因此,用锡制作的贮茶器具仍流行于世。

法门寺出土的唐代鎏金茶具(部分)

4. 玻璃茶具

玻璃,古人称之为流璃或琉璃,我国清代之前将琉璃称为玻璃,清代后两种物质的名称才分开。

中国的琉璃制作技术虽然起步较早,但直到唐代,随着中外文化交流的增多,西方琉璃器不断传入,中国才开始烧制琉璃茶具。

宋时,中国独特的高铅琉璃器具相继问世。元明时,规模较大的琉璃作坊在山东、新疆等地出现。清康熙时,北京开设了宫廷琉璃厂。只是自宋至清,虽有琉璃器件生产,但因其身价名贵,所以多为艺术品,只有少量茶具制品,琉璃茶具始终没有形成规模化生产。

近代,随着玻璃工业的崛起,玻璃茶具很快兴起。玻璃质地透明,光泽夺目,可塑性强,用它制成的茶具,形态各异,用途广泛,加之价格低廉,购买方便,因而受到茶人的好评。在众多的玻璃茶具中,以玻璃茶杯最为常见,用它泡茶,茶汤的色泽、茶叶在冲泡过程中的沉浮移动及姿态,尽收眼底,因此,用来冲泡细嫩名优茶,具有极高的品赏价值。现代的玻璃茶具已有很大的发展,用这种材料制成的茶具,能给人以色泽通透、光彩照人之感。

5. 漆器茶具

我国的漆器起源久远,在距今约 7000 年前的浙江余姚河姆渡文化中,就有可用来作为饮器的木胎漆碗。

漆器茶具始于清代,主要产于福建福州一带。福州生产的漆器茶具多姿多彩,轻巧美观,色泽光亮,有"宝砂闪光""金丝玛瑙""釉变金丝""仿古瓷""雕填""高雕""嵌白银"等品种,特别是发展了红如宝石的"赤金砂"和"暗花"等新工艺以后,成品更加鲜丽夺目,惹人喜爱,具有艺术品赏价值。漆器茶具较有名的有福州脱胎茶具、北京雕漆茶具、江西鄱阳等地生产的脱胎漆器。

6. 竹编茶具

竹编茶具由内胎和外套组成,内胎多为陶瓷类饮茶器具,外套精选慈竹,经劈、启、揉、匀等多道工序,制成粗细如发的柔软竹丝,经烤色、染色,再按茶具内胎形状、大小编织嵌合,使之成为整体如一的茶具。这种茶具,不但色调和谐,美观大方,而且能保护内胎,减少损坏;同时,泡茶后不易烫手,并富有艺术欣赏价值。因此,多数人购置竹编茶具,不在于用,而重在摆设和收藏。

中国历史上还有用玉石、水晶、玛瑙等材料制作茶具的,但在茶具史上仅居次要地位,因为这些器具制作困难,价格高昂,并无多大实用价值,主要作为摆设。

(三) 茶器选配

古往今来,大凡讲究品茗情趣的人,都注重品茶韵味,崇尚意境高雅,强调"壶添品茗情趣,茶增壶艺价值"。他们认为,好茶与好壶,犹如红花和绿叶,相映生辉。对一个爱茶的人来说,不仅要会选择好茶,还要会选配好茶器。

选配茶器除了看使用性能外,茶器的艺术性、制作的精细度,也是选择的另一个重要标准。

1. 因茶选器

唐代陆羽通过对各地所产瓷质茶器进行比较后认为,"邢不如越"。这是因为唐代茶汤颜色是黄绿色偏黄,邢瓷是白中微带黄,而越瓷为青色,倾入黄绿色偏黄色的茶汤,能更好的凸显出绿茶的绿色。越瓷为青色,倾入"淡红"色的茶汤,呈绿色。陆羽从茶叶欣赏的角度,提出了"青则益茶",认为青色越瓷茶器为上品。而唐代的皮日休和陆龟蒙则从茶器欣赏的角度提出了茶器以色泽如玉且有画饰的为最佳。

从宋代开始,饮茶习惯逐渐由煎煮改为"点注",团茶研碎经"点注"后,茶汤色泽已近"白色"。此时,饮茶所用的碗已改为盏,由于汤色为白色,因此人们对盏色的要求

也发生了变化——"盏色贵黑青",认为黑釉茶盏最能反映出茶汤的色泽。

明代,人们已由宋时的团茶改饮散茶。明代初期,饮用的芽茶茶汤已由宋代的"白色"变为"黄白色",茶盏也不再要求是黑色,而是流行白色。对此,明代的屠隆就认为,茶盏"莹白如玉,可试茶色"。明代张源的《茶录》中也写道:"茶瓯以白瓷为上,蓝者次之。"明代中期以后,瓷器茶壶和紫砂茶具兴起,茶汤与茶器色泽不再有直接的对比与衬托关系,人们将饮茶的注意力转移到了茶汤的韵味上。

清代以后,茶器品种增多,形状、色泽多样,再配以诗、书、画、雕等艺术,从而把茶器制作推向新的高度。而六大茶类的出现,又使人们对茶器的种类与色泽,质地与式样,以及茶器的轻重、厚薄、大小等提出了新的要求。一般来说,饮用花茶,为有利于香气的保持,可用壶泡茶,然后斟入瓷杯饮用;饮用大宗红茶和绿茶,注重茶的韵味,可选用有盖的壶、杯或碗泡茶;饮用乌龙茶则重在"啜",宜用紫砂茶具泡茶;饮用红碎茶与工夫红茶,可用瓷壶或紫砂壶来泡茶,然后将茶汤倒入白瓷杯中饮用,如果是品饮西湖龙井、洞庭碧螺春、君山银针、黄山毛峰等细嫩名茶,则用玻璃杯直接冲泡最为理想。

◆ 壶质与茶的关系

壶质主要是指壶体材料的密度。密度高的壶泡茶,香味比较清扬;密度低的壶泡茶,香味比较低沉。不同风格的茶要选用不同密度的壶与之相搭配。如果茶的风格比较清扬,如绿茶、白毫乌龙等,就用密度较高的壶来冲泡,如瓷壶;如果茶的风格比较低沉,如普洱等,就用密度较低的壶来冲泡,如陶壶。密度与陶瓷茶器的烧结程度有关,人们经常以敲出的声音与吸水性来判断,敲出的声音清脆,吸水性大,就表示烧结程度高,否则就表示烧结程度低。

陶瓷茶器的质地分为瓷、炻、陶三大类,瓷质茶器给人的感觉是细致,与不发酵的绿茶、重发酵的白毫乌龙、全发酵的红茶感觉较为一致;炻质茶器给人的感觉较为坚实阳刚,与微发酵的黄茶、轻微发酵的白茶、半发酵的铁观音及水仙的感觉较为一致;陶质茶器给人的感觉较为粗犷低沉,与重焙火的半发酵茶、陈年普洱茶的感觉较为一致。

◆ 施釉与茶的关系

上釉就像给陶瓷器穿上了一件衣服,上釉的陶瓷器可欣赏釉色之美,不上釉的可欣赏泥土本身之美。壶内不上釉,"得"与"失"就要从两方面来说:一方面,使用同一把壶冲泡同一类茶,时间久了,茶与壶间会有相互作用,使用过的茶壶比新壶泡出来的茶汤滋味要饱和些。但壶的吸水性不能太大,否则吸了满肚子的茶汤,用后陈放,容易有霉味。另一方面,如果使用内侧不上釉的茶壶冲泡不同风味的茶,则会有相互干扰的缺点,尤其是使用久了的老壶或吸水性大的壶。如果只能有一把壶,而且要冲泡各种茶类,最好使用内侧上釉的壶,每次使用后彻底清洗干净,就可以避免留下味道。

◆ 壶形与茶的关系

茶器的外形及茶壶釉彩的色调应与茶叶相搭配,如用一把紫砂松干壶泡龙井就没有青瓷番瓜壶协调,但就泡茶的功能而言,壶形的影响仅体现在散热性、方便性与观赏性三方面。壶口宽敞、盖碗形制的,散热效果较佳,用以冲泡需要70~80 ℃水温的茶叶最为适宜,因此,盖碗经常用来冲泡绿茶、香片与白毫乌龙。壶口宽大的壶在置茶、去渣方面也显得异常方便,因此很多人习惯将盖碗作为主泡器。盖碗或是壶口大到类似盖碗形制的壶,冲泡茶叶后,打开盖子就可以观赏到茶叶舒展的姿态与茶汤的色泽、浓度,对茶叶的欣赏、茶汤的控制颇有助益。龙井、碧螺春、白毫银针、白毫乌龙等注重外形的茶叶,使用这种形制的冲泡器,再配以适当的色调,是很好的表现方法。

2. 因地选器

中国地域辽阔,各地的饮茶习俗不同,故对茶器的要求也不一样。长江以北一带,大多喜爱选用有盖瓷杯冲泡花茶,以保持花香,或者用大瓷壶泡茶。在长江三角洲沪宁一线和华北京津等地的一些大中城市,人们爱好细嫩的名优茶,既要闻其香、啜其味,还要观其色、赏其形,因此特别喜欢用玻璃杯或白瓷杯泡茶。在江浙一带的许多地区,饮茶注重茶叶的滋味和香气,因此喜欢选用紫砂茶具泡茶,或用有盖瓷杯沏茶。福建及广东潮州、汕头一带,习惯于用小杯啜乌龙茶,故选用"烹茶四宝",即潮汕风炉、玉书煨、孟臣罐、若琛瓯泡茶,以鉴赏茶的韵味,与其说是解渴,不如说是闻香玩味,这种茶器往往被视为艺术品。四川人饮茶特别钟情用盖碗,喝茶时,左手托茶托,不会烫手,右手拿茶碗盖,用以拨去浮在汤面的茶叶,加上盖,能够保香;去掉盖,又可观姿察色。现在,我国边疆少数民族地区多习惯用碗喝茶,乃沿袭古风。

茶器的优劣,对茶汤的质量和品饮者的心情都会产生显著的影响,因为茶器既是实用品,又是观赏品,同时也是馈赠品。

3. 茶器的色泽搭配

茶器的色泽是指制作材料的颜色和装饰图案花纹的颜色,通常可分为冷色调与暖色调两类。冷色调包括蓝、绿、青、白、灰、黑等色,暖色调包括黄、橙、红、棕等色。茶器色泽的选择是指外观颜色的选择搭配,原则是要与茶汤相配,茶器内壁以白色为好,能真实反映茶汤色泽与明亮度,并应注意主茶器中壶、盅、杯的色彩搭配,再辅以色调一致的辅助茶器,力求浑然一体。

注意: 要以主茶器的色泽为基准,配以辅助用品。

各种茶类适宜选配的茶器色泽大致如下:
(1) 名优绿茶:透明无花纹、无色彩、无盖玻璃杯或白瓷、青瓷、青花瓷无盖杯。
(2) 白茶类:白瓷或黄泥炻器壶杯,或反差极大且内壁有色的黑瓷,以衬托出白毫。
(3) 黄茶类:奶白瓷、黄釉颜色瓷和以黄、橙为主色的五彩壶杯具、盖碗。
(4) 乌龙茶类:轻发酵及重发酵类使用白瓷及白底花瓷壶杯具或盖碗;轻焙火类使用朱泥或灰褐系列炻器壶杯具;重焙火类使用紫砂壶杯具。
(5) 红茶类:紫砂(杯内壁上白釉)、白瓷、白底红花瓷、各种红釉瓷的壶杯具、盖碗。

（6）花茶类：青瓷、青花瓷、斗彩、五彩等品种的盖碗、壶杯套具。

白瓷显得亮洁精致，用以搭配绿茶、白毫乌龙与红茶较为适合，为保持其洁白，常上一层透明釉；黄泥制成的茶器显得甘怡，可配以黄茶或白茶，有种乳白色的釉彩如"凝脂"，很适合冲泡白茶与黄茶；朱泥或灰褐系列的炻器土制成的茶器显得高香、厚实，可配以铁观音等轻、中焙火的茶类；紫砂或较深沉的陶土制成的茶器显得朴实、自然，与稍重焙火的铁观音、水仙相当搭调。

古代制作瓷茶具名窑

古代瓷窑中有许多以烧制茶具而著名。古窑有官办的，称为官窑，官窑产品精细，重工重料，专贡宫廷使用。有的窑烧制民间器皿，称为民窑，产品粗犷，讲究实用。

一、宋代五大名窑

1. 汝窑

汝窑为五大名窑之首。汝窑以青瓷为主，"天青色""蟹爪纹""香灰胎""支钉烧"等是鉴别汝窑的重要依据。由于汝窑传世的作品很少，据传不足百件，又因其工艺精湛，所以非常珍贵。

2. 官窑

宋代官窑由官府直接营建，分北宋官窑和南宋官窑。宋代官窑瓷器主要为素面，既无华美的雕饰，又无艳彩涂绘，最多使用凹凸直棱和弦纹为饰，其胎色铁黑、釉色粉青，"紫口铁足"增添古朴典雅之美。

3. 哥窑

许多瓷器在烧制过程中，为了追求工艺，一般都不允许有太多的釉面开裂纹片，但哥窑却将"开片"的美发挥到了极致，具有"金丝铁线"这一典型特征。宋代哥窑瓷器以盘、碗、瓶、洗等为主。

4. 钧窑

宋代五大名窑中，汝、官、哥三种瓷器都是青瓷，钧窑虽然也属于青瓷，但它不是以青色为主的瓷器。钧窑的颜色还有玫瑰紫、天蓝、月白等多种色彩，"钧红"的烧制成功则开创了一个新境界。钧窑的典型特征就是"蚯蚓走泥纹"，它的形成是因为钧瓷的釉厚且黏稠，所以在冷却的时候，有些介于开片和非开片之间被釉填平的地方，会形成像雨过天晴以后，蚯蚓在湿地里爬过的痕迹。

5. 定窑

定窑是宋代五大名窑中唯一烧造白瓷的窑场。定窑之所以能显赫天下,一方面是因为其色调属于暖白色,细薄润滑的釉面白中微闪黄,给人以湿润恬静的美感;另一方面则是因为其善于运用印花、刻花、划花等装饰技法,将白瓷从素白装饰推向了一个新阶段。

二、其他名窑

1. 越窑

越窑是中国古代南方著名的青瓷窑。越窑青瓷在晚唐五代时被称为"秘色瓷"。其时,越窑胎质细腻致密,胎骨精细而轻盈,釉质腴润匀净如玉,釉色为黄或青中含黄,无纹片,普遍使用素地垂直划纹的装饰方法,这种如冰似玉的美丽釉色,深受当时文人的赞赏和喜爱。

2. 龙泉窑

龙泉窑生产瓷器的历史长达 1600 多年,是中国制瓷历史最长的一个瓷窑系,主要产区在浙江省龙泉市,产品曾畅销亚洲、非洲、欧洲的许多国家和地区,影响十分深远。

龙泉窑胎质较粗,胎体较厚,釉色淡青,釉层稍薄。北宋时,多粉青色,南宋时呈葱青色,流行用贴花、浮雕,如在盘中常堆贴出双鱼图案,在瓶身上贴出缠枝牡丹图案。

3. 邢窑

越窑的青瓷和刑窑的白瓷是唐代陶瓷中两大代表体系,唐代有"南青北白"之说。邢窑白瓷产品精美、产量巨大,器物造型朴素大方,线条饱满酣畅,制作规整精细,釉色银白恬静,给人以雍容饱满、凝重大方的美感。

4. 耀州窑

耀州窑是北方青瓷的代表。唐代开始烧制黑釉、白釉、青釉、茶叶末釉和白釉绿彩、褐彩、黑彩及三彩陶器等。宋、金以青瓷为主。耀州窑青瓷的主要特点是纹饰刻得非常清晰,带有北方人的性格特点,史称"刀刀见泥"。

（一）泡茶用水

人们常说水为茶之母，水质的好坏直接影响茶汤的质量。清代张大复在《梅花草堂笔谈》中说：“茶性必发于水，八分之茶，遇十分之水，茶亦十分矣；八分之水，试十分之茶，茶只八分耳。”可见，水对茶性的发挥至关重要。这不仅因为水是茶色、香、味、形的载体，而且饮茶时愉悦快感的产生，无穷意会的回味，茶叶的各种营养成分和药理功能的体现，都要通过用水冲泡茶叶，经眼看、鼻闻、口尝的方式体会。如果水质不好，茶叶中的许多内含物质的析出就会受到影响，人们饮茶时既闻不到茶叶的清香，也尝不到茶味的甘醇，更看不到茶汤的晶莹，从而失去了饮茶的意义，尤其是体会不到品茶给人带来的享受。

1. 水的分类

◆ **按来源划分**

按其来源，水可分为泉水（山水）、溪水、江水（河水）、湖水、井水、雨水、雪水、露水、自来水、纯净水、矿泉水、蒸馏水等。

◆ **按硬度划分**

按其硬度，水可分为硬水和软水。现代科学分析显示，水中通常都含有处于电离状态的钙和镁的碳酸盐、硫酸盐和氯化物，每升水中钙、镁离子含量少于 8 毫克的称为软水，等于或超过 8 毫克的称为硬水。

2. 泡茶用水的选择

◆ **古人对泡茶用水的认识**

陆羽在《茶经》中就总结了煮茶用水的经验，指出“其水，用山水上，江水中，井水下”。

明朝许次纾在《茶疏》中写道：“精茗蕴香，借水而发，无水不可与论茶也”。古人知晓泡茶用水的重要性，因此非常重视水的质量。若水质差，茶叶的色、香、味就会被改变或者被淹没，若水质适宜则会对茶汤品质起到优化作用。明代张源在《茶录·品泉》中指出，“山顶泉清而轻，山下泉清而重，石中泉清而甘，砂中泉清而冽，土中泉淡而白。流于黄石为佳，泻出青石无用。流动者愈于安静，负阴者胜于向朝。

真源无味，真水无香。"

宋徽宗赵佶在《大观论茶》中写道："古人品水，虽曰中泠、惠山为上，然人相去之远近，似不常得。但当取山泉之清洁者。其次，则井水之常汲者为可用"，并认为"清、轻、甘、冽"为美。后人在他提出的"清、轻、甘、冽"的基础上又增加了一个"活"字。

（1）水质的"清"

水的清洁，一方面在于水本身，另一方面在于保养。古人通过将白石等物放入水坛的做法来清洁用水。同时，讲究水的储存，强调尽量保持其天然特质。

（2）水质的"活"

古人对水之"活"有深刻的认识。苏轼《汲江煎茶》诗云："活水还需活火烹，自临钓石取深清。大瓢贮月归春瓮，小杓分江入夜瓶。"南宋胡仔对此十分赞同，他在《苕溪渔隐丛话》中说："此诗奇甚！茶非活水，则不能发其鲜馥，东坡深知此理矣！"

（3）水质的"轻"

清代，人们讲究以水的轻重来辨别水质的优劣，并以此鉴别各地水的品第。对于泉水的优劣，乾隆有自己独到的品鉴方法，他认为好的泉水不仅要清凉、甘甜、洁净，水的质量还要轻。

（4）水味的"甘"

"甘"，就是水含在嘴里有甜美的味道。古人认为，"味美者曰甘泉，气芬者曰香泉"；"泉惟甘香，故能养人"。明高濂《遵生八笺》亦说："凡水泉不甘，能损茶味。"故泡茶要求水质清凉甜美。

（5）水味的"冽"

"冽"，即水含在嘴里有清凉的感觉。水冽也是古代煎茶用水必备的条件之一。关于冷冽的水，古人最为推崇的是冰水。早在饮茶之风盛行之前，古人就有饮用冰水的记载。唐宋时期，人们用冰水来煎茶的证据很多，唐代诗人郑谷留有"读《易》明高烛，煎茶取折冰"的诗句，宋杨万里写下"锻圭椎璧调冰水"的诗句，都是古人融冰水以煎茶的明证。

◆ **现代人泡茶用水的选择**

（1）山泉水

山泉水大多出自岩石重叠的山峦。山上植被繁茂，从山岩断层细流汇集而成的山泉，富含二氧化碳和各种对人体有益的微量元素，而经过砂石过滤的泉水，水质清净晶莹，含氯、铁等极少，用这种泉水泡茶，能使茶的色、香、味、形得到最大限度的发挥，因此山泉水是最佳的沏茶之水。

（2）江、河、湖水

江、河、湖水属于地表水，含杂质较多，混浊度较高。一般来说，泡茶难以取得较好的效果，但在远离人烟、植被覆盖之地，污染较少，这样的江、河、湖水，仍不失为泡茶好水。

（3）井水

井水属地下水，一般来说悬浮物含量少，透明度较高，但是井水多为浅表水，尤其是城市井水,容易受污染,有损茶味。如果能得到深井水则同样也能泡得一杯好茶。

（4）纯净水

纯净水是适合泡茶的水,它经过多层的过滤和超滤等技术,净度好、透明度高,不含任何杂质,酸碱度达到中性,用这种水泡茶,能较好地衬托茶性,使泡出的茶汤晶莹透彻,香气纯正,滋味鲜醇爽口。

（5）矿泉水

矿泉水富含对人体有益的矿物质,而这些矿物质却不利于茶性的发挥,但呈弱碱性的矿泉水却非常适合泡茶,有助于茶性的激发。

（6）自来水

自来水一般用氯气消毒过,并且在水管中滞留的时间较长,含有较多的铁。若想得到较好的自来水泡茶,最好用干净容器盛接自来水静置一天,等氯气自然散溢后再煮沸泡茶,或者利用净水器达到净化的效果。

3. 泡茶用水的处理

（1）过滤
购置理想的滤水器,将自来水经过过滤后,再用来冲泡茶叶。

（2）澄清
将水先盛在陶缸或无异味、干净的容器中,经过一昼夜的澄清和挥发,水质就较为理想,可以冲泡茶叶。

（3）煮沸
自来水煮开后,将壶盖打开,让水中的消毒物质自然挥发,这样的水泡茶较为理想。

（二）名泉佳水

古人认为,烹茶之水以泉水为佳,杭州的"龙井茶"和"虎跑水",俗称"西湖双绝"。"扬子江心水,蒙顶山上茶",佳茗须有好水配,方能相得益彰。现代科学研究也表明,泡茶的水,以泉水为上。

被誉为天下第一泉的有庐山谷帘泉、镇江中泠泉、北京玉泉和济南趵突泉,被誉为天下第二泉的是无锡惠山泉,被誉为天下第三泉的有苏州虎丘石泉、浠水兰溪泉、杭州虎跑泉、杭州龙井泉等。

天下名泉

一、天下第一泉

1. 谷帘泉

陆羽对泡茶的水很有研究,他遍游祖国的名山大川,品尝各地的碧水清泉,将泉水排了名次,确认庐山的谷帘泉为"天下第一泉"。谷帘泉经陆羽评定,声誉倍增,驰名四海。历代文人墨客接踵而至,纷纷品水题留。宋代学者王禹偁考究了谷帘泉水后,在《谷帘泉序》中说道:"其味不败,取茶煮之,浮云散雪之状,与井泉绝殊。"宋代名士王安石、朱熹、秦少游等都饶有兴趣地游览品尝过谷帘泉,并留下了绚丽的诗章。

2. 中泠泉

中泠泉位于江苏镇江金山寺,南宋爱国诗人陆游曾到此,留下了"铜瓶愁汲中泠水,不见茶山九十翁"的诗句。中泠泉水甘洌醇厚,唐代刘伯刍把宜茶的水分为七等,扬子江的中泠泉列为第一。

3. 玉泉

玉泉位于北京西郊玉泉山上。清帝乾隆因其质轻钦命其为"天下第一泉"。

4. 济南趵突泉

趵突泉被誉为"第一泉"始见于明代晏璧的诗句"渴马崖前水满川,江水泉进蕊珠圆。济南七十泉流乳,趵突泃称第一泉"。传说乾隆皇帝下江南途经济南时品饮了趵突泉水,觉得这水竟比他赐封的"天下第一泉"玉泉水更加甘洌爽口,于是赐封趵突泉为"天下第一泉",并写了一篇《游趵突泉记》,还为趵突泉题书了"激湍"两个大字。

此外,蒲松龄也把"天下第一"的桂冠给了趵突泉。他曾写道:"尔其石中含窍,地下藏机,突三峰而直上,散碎锦而成漪……海内之名泉第一,齐门之胜地无双。"

二、天下第二泉

无锡惠山泉原名漪澜泉,唐朝陆羽列惠山为天下第二泉,另一位评水大师刘伯刍也以惠山泉为天下第二,经乾隆御封为"天下第二泉",自此天下公认。

惠山泉水为山水,即通过岩层裂隙过滤流淌的地下水,因此其含杂质极微,"味甘"而"质轻",宜以"煎茶为上"。中唐时期诗人李绅曾赞扬道:"惠山书堂前,松竹之下,有泉甘爽,乃人间灵液,清鉴肌骨。漱开神虑,茶得此水,皆尽芳味也。"宋徽宗时,此泉水成为宫廷贡品。元代翰林学士、大书法家赵孟

頫专为惠山泉书写了"天下第二泉"五个大字,至今仍完好地保存在泉亭后壁上。当时,赵孟頫还吟了一首咏此泉的诗:"南朝古寺惠山泉,裹名来寻第二泉,贪恋君恩当北去,野花啼鸟漫流连。"

三、天下第三泉

1. 苏州虎丘石泉

据《苏州府志》记载,陆羽曾在虎丘寓居,发现虎丘泉水清冽,甘美可口,便在虎丘山上挖一口泉井,所以得名。因虎丘泉水质清甘味美,被唐代品泉名家刘伯刍评为"天下第三泉"。于是虎丘石泉就以"天下第三泉"名传于世。

2. 浠水兰溪泉

据旧志载:在浠河入江处"近河面陡峭石壁之下,有瓮口石穴,约深三尺,泉自其中流出,清澈见底。以水烹茶,味极甘冽。"浠水县在湖北,浠水县兰溪泉水被唐代陆羽评为"天下第三泉"。明正德三年(1508),知县谢朝宣经考查著有《龙渠泉辨》,确认"第三泉"在此。明万历年间,知县游王廷在溪潭坳河滨的峭壁上,特书刻了"天下第三泉"五个大字,至今历历可见。

明代张又新在《煎茶水记》中,把浠水名泉和济南趵突"天下第一泉"、无锡惠山"天下第二泉"并称,其泉独特之处,系从河旁岩石罅隙涌出,不与河水相混,故碧澄清冽,烹茶清香味长。

3. 杭州虎跑泉

虎跑泉被称为"天下第三泉","虎跑"游览的乐趣在"泉"。从听泉、观泉、品泉、试泉直到"梦泉",能使人自然进入一个绘声绘色、神幻自得的美妙境界。虎跑泉水是一种适于饮用、具有相当医疗保健功用的优质天然矿泉水,故与龙井茶并称"西湖双绝"。

4. 杭州龙井泉

龙井泉位于浙江杭州市西湖西面凤篁岭上,由于其大旱不涸,古人以为与大海相通,有神龙潜居,所以名其为龙井,又被人们誉为"天下第三泉"。

龙井泉的西面是龙井村,盛产西湖龙井茶。古往今来,多少名人雅士都慕名前来龙井游历,饮泉品茶,留下了许多优美诗篇。

知识点 三 | 茶席设计

（一）茶席的主题设计

茶席设计是指以茶为灵魂，以茶器为主体，由不同的因素构成的有独立主题的茶道艺术组合整体。茶席的设计必须建立在美学的基础之上，需要合理进行空间设计及色彩搭配，才能创造出舒适优雅的环境氛围。茶席的布置需先确定主题，确定主题后，可选择相应的茶席元素相配合。

1. 茶席设计的题材

◆ 以茶品为题材

从形状特征看，龙井新芽，一旗一枪；六安瓜片，片片可人；金坛雀舌，小鸟唱鸣等；从品质特征看，茶以不同方式冲泡，给人以不同的艺术享受，可借茶表现不同的自然景观，以获得回归自然的感受，如以茶的自然属性去反映连绵的群山、无垠的大地，让人直观感知与自然的亲近，或通过茶在春、夏、秋、冬不同季节里的表现，让人感受四季带来的无穷欢乐，如常以茶的平和去克制心情的浮躁，以求寂静与宁静，或以茶的细品去梳理往事，以求用清晰的目光看清前进的方向，或以茶的深味去体味生活的甘苦，以求感悟一切来之不易；从茶品特色的表现看，茶有绿、红、青、黄、白、黑等色彩变化，如绿茶之色，翠碧如玉，可展现春之初景。

◆ 以茶事为题材

茶席中表现的事件，即茶事。茶席表现事件主要通过物象和物象赋予事件的精神内容来体现。

（1）重大的茶文化历史事件

可以选取在茶文化史上重要时期的重大事件，从某一角度进行精心的设计，并在茶席中表现出来。如陆羽在《茶经·七之事》中首先提到的"神农尝百草，日遇七十二毒，得茶而解之"是茶事的重要事件，茶席可以"神农尝草"为题，以"茶之初为药用"为线，再以药用及其他物态语言，于茶席之中勾勒一幅远古茶之源的图画，也可以"茶经问世""陆子著经"等为题，表现陆羽"茶圣"称号的由来。

（2）自己喜爱的事件

茶席中不仅可表现有深远影响的历史茶事，也可反映生活中自己喜爱的现实茶事。如反映自己追寻陆羽足迹的"顾渚寻茗"；反映自创调和茶的"自调新茗"；反映少年儿童传习茶艺的"童子奉茶"；反映品茶赏乐的"座听茶韵"等。因为这些茶事投入了自己深厚的情感，且创作者熟知事件过程的细节，将其作为茶席题材，往往更能从崭

新的角度,挖掘出一定的内涵,使茶席的思想内容更加丰富而深刻。

◆ **以茶人为题材**

古代茶人,历经千年,至今仍为人称颂者,可谓德高望重。如神农氏尝百草屡次中毒,为古今茶人之楷模;陆羽幼年不幸,发奋研读,苦难成人;从谂禅师、怀海百丈、鉴真大师等教导弟子和众生体味茶道与茶经;陆纳、桓温等以茶素业,不倡虚华铺张;苏轼、陆游等以诗唱茶,以茶著文;僖宗、赵佶、乾隆等不可一日无茶;等等。

现当代茶人中有许多是伟人、名人。伟大领袖毛主席终生爱茶,尤其喜爱喝浓茶,连茶渣也一起嚼烂吞下。周恩来、朱德、陈毅、郭沫若、老舍、巴金等都是著名的茶人。吴觉农、王家扬、王泽农等默默耕耘的当代茶人,或著文立说,或授业育人,带领中国茶人大军为振兴我国的茶科技、茶教育、茶生产、茶文化做出了卓越的贡献。

◆ **以茶席需求为题材**

以事、物、人作为题材的茶席,一般表现方式有两种:具象的物态语言方式和抽象的物态语言方式。前者偏向于反映真实的事物或事件,后者偏向于通过人的感觉系统(视、听、嗅、味)对事物获得一定印象后,并运用最能反映这种印象感觉的形态来体现心中所感和所想。

2. 茶席设计的灵感

灵感是一种综合的心理现象,它表现为在偶然状态下,突然得到的一种意外的启迪和心理收获。人们可以通过定向思维的方式增加灵感的获得,让这种"无中生有"更快速地获得并融入艺术创作之中。

◆ **善于通过茶味体验获得灵感**

茶的本味是苦,苦的感受可以让人联想到茶农种茶、采茶、制茶的辛苦劳动过程,茶人的奋斗之路是艰苦的,中国的茶业的发展历程也是艰苦的。茶的苦味之后就是甘甜,可以让人联想到茶给人们带来的各种美好,如茶的品饮方式丰富了人们的休闲生活,茶的人文内容有助于提高人们的道德修养和整体素质,茶及茶文化的流通与传播促进了世界各国人民的交流和发展等。茶的深味,会促使人们产生更深层次的思考,如茶与禅、茶与人生、茶与爱情等,只要我们展开想象的翅膀,就一定会通过茶味体验,获得茶席设计所需要的灵感。

◆ **善于通过茶器选择去发现灵感**

茶器是茶席的主体,茶器的质地、造型、色彩等决定了茶席的整体风格。茶器的来源有二:一是制作;二是采购。对于普通的茶席设计者,制作茶器的难度较大,这需要有一定的动手能力和经验,相比较而言,购买就简单得多。因此,要通过茶器选择发现灵感,最简单有效的方法就是到茶器市场去转一转。

选择茶器一般要考虑质地、色彩和造型三个方面。质地往往表现一种时代内容或地域文化,如陶质的茶炉一般用来表现古代品茶的意境,景瓷、邢瓷、蜀瓷、越瓷等都带有鲜明的地域烧制传统,其风格也各有特色;色彩常常能体现出一种情感,如红茶与红梅图案瓷器的搭配,色彩强烈而和谐,可表达出设计者对红茶浓烈的情感;造型往往能体现出性格,千变万化的造型,常常把不同的设计风格表达得淋漓尽致。

◆ **善于在生活百态中捕捉灵感**

今天的生活、过去的生活,自己的生活、他人的生活,这些都是艺术创作的源泉。只要用心去感受生活,就能无意间触及生活中的趣味;只要细心观察,就可能在无意中捕捉到茶席设计的灵感。此外,可以通过与他人交流获得启发,这种启发不一定与茶席设计有关,但它会在记忆中储存起来,在另一事件或另一环境条件刺激下迸出灵感的火花,得到意料之外的收获。

◆ **善于在知识积累中寻找灵感**

专业的茶文化知识能增长我们对茶的历史、种植、种类、产地和制作等的了解,专业的茶业冲泡知识,能加深我们对不同茶品的茶理、茶性的认识及对不同冲泡方法的掌握,帮助我们更科学地、理性地做好茶席设计。

因此,在生活中多接触各种茶器及茶叶,多学习各种和茶相关的知识,多思考它们之间的关系,可以培养自身对茶和茶器的感觉,以捕捉更多的灵感。

(二) 茶席设计的巧妙构思

构思一般是指艺术家在孕育作品的过程中所进行的思维活动。构思的过程就是对所选取的题材进行提炼、加工,对作品的主题进行酝酿、确定,对表达的内容进行布局,对表现的形式和方法进行探索的过程。

1. 创新——茶席设计的生命

◆ **内容上创新**

题材是内容的基础,事件是内容的线索,内容要新颖,关键还是要有新的思想。同时,设计新颖的服饰、音乐等都是新颖内容的组成部分。

◆ **形式上创新**

形式是艺术的外在感觉载体,新颖的内容还要通过新颖的表现形式来体现。内容不新形式新,有时也能取得较好的艺术效果。例如,同样是表现花的内容,可用花茶,也可用花景,可用花器,也可用花香,可用插花来点缀,也可用屏风图案来体现。

2. 内涵——茶席设计的灵魂

内涵是指反映于概念中对象的本质属性的总和。艺术作品的内涵包括作品本身所表现的内、外部有形内容和超越作品之外的无形意义和作用。真正的艺术作品的内涵既是一种质,也是一种量,既是有形的存在,也是无形的永恒。因此,从这个意义上来说,茶席设计的内涵就是它的灵魂所在。

◆ **内涵的丰富性**

内涵首先表现于丰富的内容。一个艺术作品无论大小、形式,都能让人感受到一定的分量,这就是内容。内容的丰富性和广泛性是一个作品存在意义的具体体现。艺术作品属于文化的范畴,知识性是其衡量的标准之一,知识内容越多,内涵就越丰富,但丰富的知识,不是内容的简单叠加,而是通过作品本身的独特形式,将众多的知识内容自然地融于其中。

◆ **内涵的深刻性**

一个作品是否有深度,主要看它的思想内容。思想的深度,不是靠说教,而是靠娴熟和老练的艺术手法,将无形的思想不显山、不露水地融于作品之中。思想肤浅的作品,就事论事,味同嚼蜡。茶席设计的思想开掘要层层递进,如同剥笋,一层一种感受,这就要求人们在设计时,要把层层的思想内容密铺其中,同时,又要把想象的空间留给观众。

3. 美感——茶席设计的价值

美是艺术的基本属性。美感是审美活动中,人们对于美的主观反映、感受、欣赏和评价。作为以静态物象为主体的茶席设计,美感的体现显得尤为重要,它是茶席艺术的根本价值所在。

◆ **茶席形式美的具体体现**

(1)器物美

器物是茶席形式美的第一特征,即茶席的具体形象美。器物的优良质地、别致造型、美好色彩等,是器物美的具体美感特征。

(2)色彩美

色彩是形式美的第一感觉,表现得最直接,也最强烈。色彩美的最高境界是和谐,最典型的特征是温和。温和常以淡色为色调,给人以宁静、平衡之感,强烈地体现出亲近、亲切与温柔之感。

(3)造型美

茶席的美感也表现为线条的变化,线条变化决定着器具形状的变化,由此带来造型的美感。

(4)铺垫美

铺垫美是茶席美感的基础,以大块的色彩衬托器物的色彩是铺垫美的基本原则。

(5)背景美

背景美是形成茶席空间美的重要依托,起着调整审美角度和距离的作用。

(6)结构美

因为茶席设计完成后需要做动态的演示,因此,茶席的形式美还包括动作美、服饰美、音乐美、语言美等诸多方面构成的结构美。

◆ **茶席情感美的具体体现**

茶席的情感美主要体现在真、善、美的情感内容表达上。真，就是茶席内容所体现的纯真、率真、真实的感受和茶席形式表现出的真诚及人格力量。善，就是茶席内容所体现的道德因素，凡以人为本，体现人文关怀及人性关怀等的内容，都是善的具体体现。美，在情感美的特征中，表现为一种心灵的触动和感化，是情感美中最动人的一面。

4. 个性——茶席设计的精髓

个性是指一种事物区别于其他事物的特殊性质。从心理学的角度来说，稳定的心理特征，如性格、兴趣等的总和，就是一个人区别于另一个人的个性，但艺术却有所不同，凡构成物态艺术的成分，只要有一种可原型复制，就有可能在一定程度上使个性丧失，而茶席的物态成分几乎全部是可原型复制的，如可重复生产的茶器、花器、香器、铺垫、工艺品、食品，甚至茶本身。这就要求人们在茶席设计时在物态同质同型的基础上，进行不同的合成再造，使之具有不同于其他再造的特殊性质，这就是茶席的艺术个性。

◆ **个性特征的外部形式**

要使茶席拥有个性特征，首先要在外部形式上下功夫。如茶的品质、形态、香气；茶器的质感、色彩、造型；茶器组合的单件数量、大小比例、摆置距离、摆置位置；铺垫的质地、大小、色彩、形状、花纹等。只要是人们可直接感知的，都属于茶席的外部个性特征。

◆ **个性特征的角度选择**

茶席艺术的个性创造还要精心选择表现的角度。角度的选择如同摄像，选择得当，就可反映人物最精彩的精神风貌。例如，表现茶文化代代相传的主题，人们往往会从人物的角度加以体现，如将神农、陆羽等作为线索，但有些个性作品，却从茶器的角度，以古炉、壶和现代杯盏相匹配，看似反差，实为相联的处理，个性十足。

◆ **个性的思想内涵**

思想反映一定的深度，立意表现一定的创新，这也是茶席设计中最体现功力的地方。如采用相同器物、相似结构设计的茶席，由于思想提炼深浅不同，立意形成内容不同，其个性的塑造也有本质的差异。如表现茶文化代代相传的主题，只展现茶器的新旧、大小、过去与现在，虽也有一定的创意，但缺乏深度，如果以茶的精神代代相传为立意，茶席就有了更深层次的内涵。

(三) 茶席名称的确定

成功的名称是对主题高度、鲜明的概括，它以精炼简洁的文字，或作含蓄表达，或作诗意传递，让人一看即可感知艺术作品的大致内容，或迅速感悟其中深刻的思想，并获得由感知和感悟带来的快乐，或可作为线索慢慢感受其内涵。

上篇 茶文化

1. 主题概括鲜明

通常在具体创作之前,先有主题,而后进行创作,也有在创作之中或创作之后确定主题的。但无论在何时形成,主题都必须确定存在,因为只有确定了主题,内容才不会散乱,形式才符合规律。如果主题在创作之前形成,那么就要围绕主题对题材进行提炼、加工,并巧妙布局各部位的细节内容。凡不能与主题相扣或离题太远的内容,都要舍弃。若是主题在创作之中形成,那么就要对作品进行严格的审视,看其是否符合主题的要求,主题要具有鲜明、准确、概括的特征。

2. 文字精炼简洁

给艺术作品命名,如同给人取名,虽只有几个字却包含了许多内容。茶席的命名也既要遵循精炼、简洁的原则,又需意味深长。

3. 立意表达含蓄

所谓含蓄,是指用委婉、隐约的语言把所要表达的意思表达出来。含蓄就是留有余地,给人留有想象的空间,这种余地留的越多,作品的艺术和思想表现力就越强,作品的艺术品位也就越高。

4. 想象富有诗意

想象是在原有感性形象的基础上创造出新形象的心理过程。诗意的想象主要有以下几个特征:一是大胆,敢思敢想,敢写敢吟;二是夸张,就是将感性的对象做不同程度放大的描写;三是奇特,对事物做违反常态的合理设定。

(四) 茶席设计的构成因素

1. 茶品

茶,是茶席设计的灵魂,也是茶席设计的思想基础。因茶,而有茶席;因茶,而有茶席设计。茶,在一切茶文化及相关的艺术表现形式中,既是源头,又是目标。茶,应是茶席设计的首要选择。因茶而产生的设计理念,往往会构成设计的主要线索。

茶的颜色丰富多彩,茶的滋味和香气多样,茶的形状千姿百态,给人以无限想象,茶的名称诗情画意,在茶艺表演中,茶是最重要的,茶以其形、态、情、韵吸引着无数人。

2. 茶器组合

茶器组合是茶席设计的基础,也是茶席构成因素的主体。茶器组合的基本特征是实用性和艺术性相融合。实用性决定艺术性,艺术性又服务于实用性。因此,茶器组合的质地、造型、体积、色彩、内涵等,应作为茶席设计的重要部分加以考虑,并使其在整个茶席布局中处于最显著的位置,以便于对茶席进行动态的演示。

中国的茶器组合始于唐代,个件数量一般可按两种类型确定:一是基本配置,即必须使用而又不可替代的,如壶、杯、茶罐、茶则、煮水器等;二是齐全配置,包括不可替代与可替代的个件,如茶海、茶针、水盂、茶滤等。茶器组合既可按传统样式配置,也可创意配置;既可基本配置,也可齐全配置。

3. 铺垫

铺垫,指的是茶席整体或局部物件下摆放的铺垫物,也是铺垫于茶席之下的布艺类和其他质地物的统称。铺垫的直接作用:一是使茶席中的器物不直接触及桌面或地面,以保持器物清洁;二是以自身的特征辅助器物共同展现茶席设计的主题。

◆ **铺垫的类型**

(1) 织物类

棉布常在茶席设计中表现传统题材和乡土题材。麻布,常在茶席设计中表现古代传统题材和乡村及少数民族题材。化纤织品的丰富性为茶席的铺垫提供了广阔的选择空间,尤其是在表现现代生活和抽象题材时是上佳的选择。蜡染花布本身就是一件艺术品,在茶席设计中,可铺可垫,可垂可挂。印花织品在茶席设计中特别适合表现自然、季节、农村类的题材。织锦在茶席中常用以表现传统宫廷题材,可用来烘托富贵、大气的格调。绸缎因为轻、薄、光质好,是茶席设计中桌铺和地铺的常用材料,可表现现代生活题材。

(2) 非织物类

竹编可表现古代传统题材和日本茶道、韩国茶礼等。草秆编一般是以小块铺垫重要的器件。树叶铺是将树叶叠放在地上,用以铺垫器物,常选枫叶、荷叶、芭蕉叶、杨树叶等平而大且叶形有个性的树叶为材。将书法或绘画作品用作铺垫,使茶席拥有浓重的书卷气和艺术感,整体构图也显得富有层次。

◆ **铺垫的形状**

铺垫的形状一般分为正方形、长方形、三角形、圆形、椭圆形、几何形等。正方形和长方形多在桌铺中使用,又分两种:一种为遮沿型,即铺垫物比桌面大,四面垂下,遮住桌沿;另一种为不遮沿型,即按桌面形状设计,又比桌面小。以正方形、长方形设计的遮沿铺,是桌铺形式中较大气的一种,许多叠铺、三角铺和纸铺、草秆铺、手工编织铺等,都要以遮沿铺为基础。

◆ **铺垫的色彩**

把握铺垫色彩的基本原则:单色为上,碎花为次,繁华为下。单色最能适应器物的色彩变化,单色既属于无色彩(白、灰、黑),又属于有色彩(红、黄、绿),即便是最深的单色黑色,也是绝不夺器的。可以说,茶席铺垫中运用单色,反而是最富色彩的一种选择。

4. 插花

插花,是指人们以自然界的鲜花、叶草为材料,通过艺术加工,在不同的线条和造型变化中融入一定的思想和情感而完成的花卉的再造形象。茶席中的插花是为了体现茶的精神,因而崇尚自然、朴实、秀雅的风格,注重线条及构图的美和变化,以达到朴素大方、清雅绝俗的艺术效果。其基本特征是简洁、淡雅、小巧、精致。鲜花不求繁多,只插一两枝便能起到画龙点睛的效果。

5. 焚香

焚香,是指人们对从动物和植物中获取的天然香料进行加工,使其具有各种不同的香型,并在不同的场合焚熏,以获得嗅觉上的美好体验。焚香在茶席中十分重要。它不仅作为一种艺术形态融于整个茶席中,而且美好的气味弥漫于茶席四周的空间,可以使人获得嗅觉上的舒适感受。气味,有时还能唤起人们意识中的某种记忆,从而使品茶的内涵更加丰富。

6. 挂画

挂画,又称挂轴。茶席中的挂画,是悬挂在茶席背景环境中书与画的统称。书以汉字书法为主,画以中国画为主。

挂画在茶席布置时很重要。茶室中可以只挂一幅字画,也可以挂多幅。当挂多幅字画时,无论是主次搭配、色调照应,还是形式和内容的协调,都要求设计者有较高的文学和美学修养,否则容易画蛇添足。

茶室所挂的字画可分为两大类。一类是相对稳定、能长久张挂的,这类书画的内容根据茶室的名称、风格及主人的兴趣爱好而定。茶室中若能挂主人自己的书画作品,那自然是最好的。虽然茶室主人未必精通书画,但随心抒怀,直达胸臆,信手挥毫,把自己的志趣喜好坦然展示出来,这样更加符合中国茶道的精神。另一类是为了突出茶席主题而专门张挂的,可能要根据茶席主题的需要不断变换。

7. 相关工艺品

相关工艺品范围很广,凡经人们以某种手段对某种物质进行艺术再造的物品,都可称为工艺品。

相关工艺品,不仅能有效地陪衬、烘托茶席的主题,还能在一定条件下,对茶席的主题起到深化的作用。相关工艺品在选择与摆置时,要避免衬托不准确、与主器具相冲突,或多而淹器、小而不见等错误摆置情况的发生。

8. 茶点、茶果

茶点、茶果,是对饮茶过程中佐茶的点心、茶果和茶食的统称。可根据不同的茶选择不同的茶点、茶果。

(1) 香甜茶点衬绿茶

绿茶淡雅轻灵,与口味香甜的茶点搭配,香气此消彼长,相互补充,带来美妙的味觉享受。此外,清淡的绿茶能生津止渴,有效促进葡萄糖的代谢,防止过多的糖分留在体内,所以享用甜味的茶点,不必担心口感生腻和脂肪堆积。

(2) 精致西点伴红茶

由于红茶进入西方已有相当长的历史,饮用红茶搭配什么茶点,经过漫长的摸索和实践已经逐渐成熟、完善并固定下来。在传统的英式下午茶中,人们饮用红茶时搭配的是奶油蛋糕、水果派和各种奶酪制品等甜点。

(3) 荤油茶点与普洱

普洱茶具有良好的消脂效果。食用味重、油腻的茶点后,饮用普洱可以减轻口感上的油腻。

(4) 淡咸茶点配乌龙

乌龙茶是半发酵茶,兼有绿茶的清香气味和红茶的甘甜口感,并回避了绿茶之苦和红茶之涩,口感温润浓郁,茶汤过喉徐徐生津。用淡咸口味或甜咸口味的茶点搭配乌龙茶,对于保留茶的香气,维持茶汤的原汁原味最为适宜。

(5) 清淡小吃保花香

茉莉花茶的茶香可舒缓情绪,对人的生理和心理都有镇静的效果。因此,饮茉莉花茶时不宜搭配各种炒制的坚果或口味重的茶点,以避免食物掩盖了花的清香。豆制品和糯米制品的茶点比较适合搭配花茶来食用。

9. 背景

茶席的背景,是指为获得某种视觉效果,设定在茶席之后的艺术物态方式。茶席的价值是通过观众审美体现的,因此视觉空间的相对集中和视觉距离的相对稳定就显得特别重要。

茶席背景总体由室外背景和室内背景构成。室外背景主要由树木、竹子、假山、街头屋前等构成,室内背景主要由舞台、会议室、窗、廊口、房柱、装饰墙面、玄关、博古架等构成。

(五) 茶席设计的结构方式

1. 中心结构式

中心结构式是指在茶席有限的铺垫或表现空间内,以空间中心为结构核心点,其他各因素均围绕结构核心来表现相互关系的结构方式。中心结构式属传统结构方式,结构的核心往往以主器物来体现,在茶席的诸多器物中,主器物一般是茶器,茶器是茶席的主要构成因素,而茶器中又以茶壶(茶碗、茶盏)为表现品茶行为的器物。中心结构式还必须做到大与小、上与下、高与低、多与少、远与近、前与后、左与右的比例关照。

◆ 大小、上下关照

中国古代传统茶席历来采取"炉不上席"的做法,茶炉一般都置放在席下,或直接放在地上。现代茶炉以电炉、酒精炉取代了炭炉,造型精致小巧,因此大多与其他茶器

一起置于茶席铺垫之上,但茶炉一般不作为茶席的结构核心物。处于结构核心点的主器物,无论是茶器(杯、盏)还是茶盒,都比茶炉要小得多,为了突出小的一方,可采取在色彩等方面抑大扬小的做法,或在大的对焦点也同样置放相对大的器物,如水盂、清水罐等,这样便可基本取得大小结构比例的和谐。

◆ **高低关照**

高低比例是针对茶席铺垫上的器物而言的。背景、插花、焚香、相关工艺品等只有在特殊情况下,才具有高低比例的结构差异。中心结构式的高低比例原则是"高不遮后,前不挡中"。

◆ **多少关照**

茶席上的器物一般不会有多与少的情况发生。多,只能表现为重复;少,则意味着残缺。多与少的现象,即使出现,也仅限于茶碗(杯、盏)和相关工艺品。茶席动态演示中会进行奉茶,如奉茶的对象超出茶碗的数量,采用加杯的方法即可。

◆ **远近关照**

远近比例是对结构核心物与其他器物,铺垫空间与茶席的其他构成因素之间的距离而言的。器物之间的距离,以保持茶席的构图协调为目标,不必作精确计算。因此,远与近的把握,只要感觉总体协调即可。但相同器物,如数个茶碗,还是应该注意茶碗之间距离的对称。

◆ **前后、左右关照**

茶席器物前后、左右的方向,是以观众的视角为依据的。前后器物以单体获得全视为前提,左右器物以整体平衡为前提。左右的局部倾斜,不影响整体平衡即为正常。倾斜是指局部器物之间结构的倾斜,而非指单体个件的倾斜。

2. 多元结构式

多元结构又称非中心结构式,所谓"多元",指的是茶席中心结构丧失,而由铺垫范围内任一结构形式自由组成。多元结构形态自由,不受任何束缚,可在各个具体结构形态中自行确定其各部位组合的结构核心。多元结构的一般代表形式有流线式,散落式,桌面、地面组合式,器物反传统式,主体淹没式等。

◆ **流线式**

流线式以地面结构为多见,一般常为地面铺垫的自由倾斜状态。若是用织物类铺垫,多使织物的平面及边线轮廓呈不规则状。若是采用树叶铺、荷叶铺、石铺等,更是随意摆放,只要整体铺垫呈流线型即可。

◆ **散落式**

散落式的主要特征一般表现为铺垫平整,器物基本规则,其他装饰品自由散落于铺垫之上。此类散落式结构方法布局比较轻松,无空间距离束缚感,对茶席的其他构成因素也不作刻意的选择,以形态与色彩见长,比较容易获得和谐的美感效果。

◆ **桌面、地面组合式**

桌面、地面组合式基本属改良的传统结构方式。常采用竹编围炉、仿古铜质鼎形风炉、瓦炉等，凡置于地面的器物，其体积一般要求稍大，这样，地面结构与桌面结构之间不仅不会显得头重脚轻，而且地面结构本身也表现得绰约多姿。

◆ **器物反传统式**

器物反传统式多用于表演性茶道的茶席。首先，在茶器结构上一反传统的结构样式，比如壶器，反传统结构样式改变壶形，壶形或呈扁状，或呈细长筒状，壶嘴完全消失，茶汤从某一处壶孔直接流出；其次，在器物摆放上，也不按传统结构样式，如茶盏，既不呈直线形，也不呈勾线形，而是腾出桌面铺垫的大块空间，随意摆放数只茶盏，以便表演时变化手法。

此类反传统结构方式具有一定的艺术独创性，又以深厚的茶文化传统作基础，使结构全新化而又不脱离一般的结构规律，常给人耳目一新的感觉。

◆ **主体淹没式**

主体淹没式常见于一些茶艺馆、茶道馆、仿日式茶室的茶席布置，如背景采用围屏，挂画重叠，悬挂物粗长，有的直接选用麻质粗绳或铁质锁链从房梁一直垂至地面，置放茶器的地铺榻榻米上堆放着许多工艺品，再加上体积偏大的都篮，更使茶席主器物茶碗等淹没在这一大堆物件之中。

总而言之，结构是茶席设计的重要手段之一，反映了茶席内部各部分关联的规律。我们既要重视结构规律并掌握运用，又要不受传统结构方式的束缚，勇于创新，大胆实践，不断创造出新的结构方式来丰富现有的结构形式，使茶席结构展现出多姿多彩的艺术魅力。

知识点 四 茶席用香

以中华民族的历史线索来看，从春秋战国时期的以香祭祀到汉代熏香时尚的兴起，从古丝绸之路香料的输入到隋唐香文化的完善，从宋大夫的雅集用香到明清民间香药的流行，从皇戚贵族的庙堂品香到平民百姓的居所驱秽，香是不可或缺的。香是客观存在的，香是一种气味，与人类相伴相生。人的生命在呼与吸中诞生和延续，气味便与之相伴而来。

（一）香文化的历史

殷商甲骨文中已经有了关于香的记载。殷商甲骨文中有"柴"字和"紫"字，告诉人们要用火烤熟了食物让其生出香味来,才可以更好地养育生命。

战国时期,香进入人们的日常生活,佩带香草成为时尚。屈原《离骚》里所记的香草就是那个时期人们常用的香料。到了汉代,香成为贵族的生活必备品。香的应用由祭祀神灵更多地转向了生活享受。熏衣熏被、熏室安寝、宴饮迎客、祛秽养生成为当时的时尚。西汉时期,外来香料输入中原,使中华香文化得到了空前的提升。

隋唐时期逐渐形成了规范的用香体系,走向成熟期。外国使节需求的多元化、香料种类的多样化、享受层次的延伸化、使用人群的普及化,使香道也出现了多种态势。熏香成为宫廷盛典朝见、文人雅士聚会和寺院礼仪的必备程序。

宋代是香文化的鼎盛时期。香道文化从高堂寺院进入寻常百姓家,用香平民化趋势遍及社会的方方面面。宫廷宴会、婚礼庆典、茶房酒楼、书室闺阁、生老病死等各类场合都用香,而且讲究用香的仪式和规范。香文化在宋代的鼎盛表现在以下几方面:一,香料充足,质地层次货真价实;二,官民共享,各个阶层都可以用香;三,香器制作精美,各种样式出新出奇;四,香道理论集成,有了《香谱》《陈氏香谱》这样的集大成著作;五,香道技巧与技艺趋于完善。

至明代,香学又与理学、佛学结合为"坐香"与"课香",成为丛林禅修与勘验学问的一门功课。明代香文化有几个方面可圈可点:第一,香料的加工制作技术日趋成熟,大量线香开始生产和销售;第二,与香有关的典籍著作数量众多,其中周嘉胄著的《香乘》内容丰富,记载香的种类、来源、用途及香品制作方法颇为详尽;第三,出现了"宣德炉"。

清代对香道的重视值得一提。这时期从皇帝到平民,宗教祭祖活动盛行,用香祭祖、敬佛、祝祷成为生活的常态,而焚香、净心则成为读书人的精神良药。一部《红楼梦》把清末的生活画卷描绘得淋漓尽致,也把清代用的香料、香道、香方、香诗及其风俗描绘得入木三分。香炉作为香道的载体,在清代推陈出新、形式多样、制作精良,材料考察程度远远超过了前人。清三代盛世,行香深入日常生活,炉、瓶、盒三件一组的书斋案供及香案、香几成为文房的典型陈设。

近现代以来,中华民族命运多舛,香文化的发展也受到了巨大的阻碍,渐渐被局限在庙宇神坛之中,以至于当今有很多人都将香视为宗教文化之一,甚而归入封建迷信的范畴。百年近代史,是中华香文化最为痛苦的断代史,实为时代遗憾。

21世纪,在弘扬中华民族传统、发掘民族优秀资源的今天,中华香文化作为民族文化的精华之一,被人们重新认识和延续。

(二) 香器

历代使用的香器包括博山炉、手炉、香斗、卧炉、香筒等不同形制的香炉,以及熏球、香插、香盘、香盒、香夹、香铲、香匙、香筒及香囊等配套器具。

香炉使用的质料主要包括铜、陶瓷、金银、竹木器、珐琅及玉石等,形状上常见为方形或圆形,方形的香炉一般有四足;圆形的香炉,都有三足,一足在前,两足在后。

◆ 博山炉

博山炉又叫博山香炉、博山香熏、博山熏炉等,是中国汉、晋时期民间常见的焚香所用的器具,常见的材质为青铜器和陶瓷器。炉体上有盖,盖高而尖,镂空,呈山形,山形重叠,其间雕有飞禽走兽,因象征传说中的海上仙山——博山而得名。

博山炉

◆ 手炉

手炉是行者以手持之长柄香炉,可以握在手上,柄头常常雕饰莲花或者瑞兽,常用来熏烧香粉或者香丸,主要用于供佛。敦煌莫高窟画中,常可见到供养人像持手炉的景象。大英博物馆的收藏中,就有敦煌之唐代设色绢本《引路菩萨图》,图中菩萨即手持铜手炉。

引路菩萨图(部分)

◆ 熏球

熏球的出现,始于唐代武则天到玄宗时期,大致流行于陕西西安地区。这种熏球多呈圆球状,有长链,球体镂空,并分成上下两半,上下两半球体以铆接的叶片状卡榫连接。球体内有小杯,以承轴悬挂于中央,小杯可随时保持水平。因此,无论熏球如何转动,小杯始终保持水平,而杯内正在焚烧的香品则能随时保持平衡,不至于倾倒。

熏球

◆ 香囊

香囊就是将各种香料、香品置入囊中,可以放在身上,随身携带,散发香气的香具。佩带用的香囊在宋代记载中处处可见。

◆ 香筒

香筒是一种燃点直式线香的香具,又称为"香笼"。明清两代所流行的香筒,其造型为长直筒,上有平顶盖,下有扁平的承座,外壁饰镂空花样。通常在筒内有一枚小插管,这样就很容易插稳线香。

◆ 香篆

一般的香粉,为了便于燃点,合香粉末可以用模子压印成固定字形或花样,然后点燃,循序燃尽,这种方式称为"香篆"。印香篆的模子称为"香篆模",多以木头制成。

为了使香粉的使用更为顺利,宋人又制香饼,有做成心字形的"心字香"、环形及指形的"冰环玉指"香饼等。

上篇 茶文化

◆ 香盒

香盒是指盛香之容器，又作香笪、香合、香函、香箱。通常为木制加漆，亦有陶制与金属制，常见的形状为扁平圆形。

除了香盒之外，香盘也经常可见。香盘是指焚香之盘，常以木或金属做成方形台，盘中盛香作字或图形，常点火焚之。此外，元、明、清时，流行成套的香具，大多为"炉、瓶、盒"的组合，即香炉配上香盒，而瓶则是为了放置香铲及持香的香箸用的。

（三）香料种类

由于现代化学工业的迅速发展，人们生活中大量使用的香料已被化学香品所占据。然而，自然香品更符合现代人回归自然、追求健康的需求。自然香料一般由富含香气的植物与动物提炼出来，植物中富含香气的树木、树皮、树枝、花果等都是制香的原料，动物的分泌物也会形成香，如龙涎香、麝香等。大自然恩赐给人类的馨香四溢、芳香独特的纯天然香料，是任何人工合成的香精、香水都无法媲美的。

自然界中含有香成分的植物很多，采集也比较容易，如紫罗兰、风信子、水仙、茉莉、紫薇等，可采其鲜花；佛手柑、柠檬、橘子等，可采其果皮；樟脑、沉香、白檀等，可采其树木枝干；龙脑等，可采其树脂；丁香、肉桂、胡椒、茴香等，或采其树皮，或采其果实和种子。

植物性香料主要有玫瑰、薰衣草、茉莉、晚香玉、香根、鸢尾、罗勒、迷迭香、香茅草等；动物性天然香料主要有四种：麝香、灵猫香、海狸香和龙涎香（除龙涎香为抹香鲸肠胃内不消化食物产生的病态产物外，其他三者是动物腺体分泌的引诱异性的分泌物）。中国四大名香分别为沉香、檀香、麝香和龙涎香。

（四）茶席用香

闻香品茗，自古就是文人雅集不可或缺的内容，明代万历年间的名士徐唯在《茗谭》中讲道："焚香雅有逸韵，若无茗茶浮碗，终少一番胜缘。是故茶香两相为用，缺一不可。"

香与茶的结合备受古人的推崇，无论在一丝不苟的茶道仪式中，还是在随心所欲的品茗活动里，都能见到"名香与香茗"相伴的身影。品茶的时候常以上等的香品来熏焚，以美化环境、营造宁静、和谐气氛。沉香、檀香等高品质香品在熏焚的时候，散发的香气清醇、幽雅、沁人心脾，具有舒缓情绪、镇定心神的作用，非常符合品茶的氛围。

1. 茶席常用香料

◆ 檀香
檀香香味浓烈，在庙宇寺观中是常见的香料，主要用来焚熏。

◆ 沉香
沉香除了制香外，还可以用来泡茶，有通经络与安神之效用。

◆ 龙脑香

龙脑香是收取龙脑树心中涌出的胶脂作为香料的,也可以对木材进行加工,蒸馏出白色的结晶粒,其味十分香浓。龙脑香也可以入茶,宋代著名的贡茶——"龙凤饼茶"就曾掺入龙脑香料,使其遇热后产生浓浓的清洌香味。

◆ 降真香

自唐宋以来,降真香在宗教香文化中占有重要的位置。从唐诗的记载来看,唐代的道观及达官贵人常用降真香。降真香的香气强烈持久,并且适合与其他香料一起使用。例如,在做沉香线香时,加入少量的降真香,能更好地释放出沉香的香气,使其气味更加厚重甘醇,悠远持久。

◆ 甘松香

甘松香产于川西松州,由于其味甘,所以称为甘松香。甘松的根及茎干燥之后,可以作药物及香料之用。甘松的根部芳香浓烈,干燥后切片、磨粉均可。

甘松香常用于供佛,研其粉末与石蜜混合,干燥成型后即可使用。

◆ 丁香

丁香不仅是有名的药用植物,也是世界名贵的香料植物。丁香有公丁香和母丁香之分。公丁香,指的是将没有开花的丁香花蕾晒干后作为香料。母丁香,指的是将丁香成熟后的果实晒干后作为香料。

◆ 石蜜

石蜜是甘蔗汁经过太阳暴晒后形成的固体的原始蔗糖。明代李时珍《本草纲目》记载:"石蜜,白砂糖也,凝结作饼块者为石蜜"。清代张澍辑《凉州异物志》中说:"石蜜非石类,假石之名也。实乃甘蔗汁煎而曝之,凝如石而体甚轻,故谓之石蜜。"

石蜜在生活中已不多用,在特殊茶席设计中,可与其他香料合并使用。

◆ 茉莉

茉莉是常见的香花植物,花朵洁白芬芳,令人赏心悦目,是茶席中选用最多的一种香料。茉莉最早由伊朗、印度传入我国,生命力极为旺盛,南北方皆可植育,每年夏末初秋开花,花期较长。茉莉的花极香,是著名的花茶原料及重要的香精原料,清晨采集盛开的花,干燥后和香类油脂等合并使用即可。

2. 茶席中香炉的种类及摆置

茶席中焚香所使用的香炉,应根据茶席的题材和风格来选择。

◆ 表现宗教及古代宫廷题材

在茶席中为了表现宗教题材或古代宫廷题材,一般选用铜质香炉。铜质香炉古风犹存,基本保留了古代香炉的造型特征,一般有炉耳,如象耳、狮耳等,炉耳兼具实用性和装饰性,炉足有圈足、圆乳形三足、方圆形四足等,炉壁一般较厚重,尤其是表现古代宫廷题材时,应选择体积稍大,造型如鼎,高耳宽腹,威猛兽足,阳雕纹饰的铜质熏香炉,再配以宫廷茶器组合,方显皇家之大气。

◆ **表现现代和古代文人雅士雅集**

在文人茶席中茶器组合多以白色瓷质为主,因此以选择白瓷直筒高腰山水图案的焚香炉为佳。直筒高腰焚香炉,形似笔筒,与文房四宝为伍,协调统一,符合文人雅士的审美习惯。宋代香炉的整体气质是文雅的,虽然造型多样,但已经逐渐摒弃前代的繁复华丽,趋于简洁质朴。当时的香炉以瓷制为主,大致分为有盖的封闭式熏炉和无盖的敞开式香炉,两者均有多种造型和风格,有盖的如延承自两汉的博山炉,经宋代的改造,造型更加简洁抽象,如鸭子造型的熏炉——"香鸭",在当时十分流行,可放在寝帐之中,很多文人的诗词中都提到过,如"金鸭余香尚暖,绿窗斜日偏明"(陆游《乌夜啼》)、"玉纤慵整银筝雁,红袖时笼金鸭暖"(秦观《木兰花》)等。

"香鸭"

◆ **表现一般生活题材**

泡乌龙茶时,可选紫砂类香炉或熏香炉;泡龙井、碧螺春、黄山毛峰等绿茶时,可选用低腹阔口的瓷质青花焚香炉。瓷与紫砂,贴近生活,清新雅致,富有生活气息。

3. 以香入茶

茶香本为一脉,以香入茶源于汉代,盛行于宋代,明清时期虽提倡清饮,但以香入茶从未中断,这是味觉和嗅觉的一场盛宴。

以香入茶,一可丰富茶香。茶品种虽多,但单独饮用香气较为单一,但世间的动植物香气万千,而且易于变化,百香有百味,可丰富茶的香气。二是药用价值。自古香药本为一家,如丁香既是药用植物又是香料植物(始载于《药性论》),可使人在享受香汤所带来的味觉、嗅觉的同时达到保健、疗养的功效。三是推动产业发展。以香入茶不仅带动香的产业发展,而且推动茶文化产业新领域的发展。

在古籍中大量记载香茶的制作,如宋代《香谱》《香录》中有如何制作桂花茶、茉莉花茶等的记载,《红楼梦》中也有记载以香入茶的泡制方法。今天我们一方面可以秉承古法,如可以仿效古典中记载的"法煎香茶""脑麝香茶""香橙茶汤"等,同时可以结合现今的市场需求和科学理念创新新品,开发的时候要注意什么特性的茶要选什么特性的香,在保证清洁、无毒、安全的前提下遵循科学的方法。目前已经开发的"丁香红茶""沉香普洱茶""金盏花铁观音"等都颇受市场欢迎。

◆ **茉莉花茶**

宋朝时,中国兴起了将香入茶的热潮。宋代时有几十种香料茶,经过时代变革,大多已被淘汰掉,只剩下五六种,其中以茉莉花茶居多。

主要的茉莉花茶的品种有广西花茶、龙团珠、政和银针、金华茉莉、苏州茉莉花茶、四川茉莉花茶等，其中广西花茶以广西横县所产茉莉花最为有名，横县是中国最大的茉莉花生产基地，被誉为"中国茉莉之乡"。

◆ 丁香红茶

丁香不仅为药用植物，也是世界名贵的香料植物。丁香有公丁香和母丁香之分，公丁香又称为"丁子香"，始载于《药性论》，一般用于泡酒；母丁香一般用于泡茶。

◆ 沉香普洱茶

沉香普洱茶以被誉为"植物中的钻石"的沉香和闻名中外的普洱构成。沉香集天地之灵气，汇日月之精华，蒙岁月之积淀。普洱在众多的茶类中，除品质外，还以其饮法独特、功效奇妙而著称。

随着现今茶席与香席的盛行，现代人对于饮茶与焚香，早已不满足于感官的享乐，而是希望通过饮茶、焚香仪式，与好友交，缓和心情，达到身心平衡之美妙。

知识点 **五** 茶艺表演

（一）茶艺表演的基本条件

茶艺表演除了需要具备茶、茶器、水、辅助器物等基本条件外，还需要特别注意服装、音响、场地等因素。

1. 服装

茶艺表演服装的式样、款式多种多样，但应与所表演的主题相符合，服装应得体、端庄、大方，符合审美要求。例如，"唐代宫廷茶礼表演"，表演者应着唐代宫廷服饰；"白族三道茶表演"，表演者应着白族的民族特色服装；"禅茶"表演，则以着禅衣为宜。

◆ 服装具有一定的表演成分

由于表演时表演者与观众有一定的距离，因此服装必须做适当的夸张，具体表现在领口、袖口、对襟、襟边、衣摆、裙长、裙摆、裙边、裤口、裤边等部位适当的宽大和宽厚。同时由于舞台灯光的关系，服装在色彩上应适度鲜艳、夺目，在纹饰图案上适度夸张，在线条轮廓上适度醒目。因为茶艺表演属于艺术表演的一部分，因此需要有个性，服装的搭配与饰物也同样要具有个性，如饰品以偏亮、少见为特征。

上篇 茶文化

◆ 服装需要贴近生活

茶艺表演与其他表演艺术有所不同,由于茶为生活用品,因此茶艺师所穿着的服饰既要符合舞台要求,又要体现生活气息。生活服装的要求是夸张又不过分,前卫又融入传统内涵,色泽明快又不失大方、稳重,饰品既能体现出表演者的个性与品位,又能准确地反映茶席的主题与题材风格。

茶艺师的服装应以平时生活中穿着的服饰为基础,适当在款式结构、色彩配备及饰物搭配上做一定程度的夸张设计,以符合艺术表演的要求。这些服饰应充分表现出与茶席主题、风格、意境相协调的美感,能有效地增进审美主体对茶及茶文化的理解和感受,有助于茶艺师的形象塑造,达到扬长避短、锦上添花的效果。

◆ 服装搭配的方法

(1) 根据茶席的主题来选择

茶席作品的题材广泛而多样。例如,表现人民为革命事业勇于奉献的主题,可将茶艺师打扮成革命时期的农村姑娘,上身一件大红的连襟衫,下身一条蓝布裤,头上一条长辫从脑后搭落到胸前,脚下是一双黑色布鞋,全身唯一的饰品是头上的一小朵红色杜鹃花。这样的服饰搭配,符合时代的特点,同时也表达出人民对革命事业成功的希望和信心。又如,表达平淡的精神追求的主题,茶艺师可选择中式长袖白衫,下身穿白色缎裤,这种服饰能准确有效地向观看者传递一种宁静的意境,再配以古琴声,可给人平静而长久的感受。

(2) 根据地域和时代背景来选择

我国幅员辽阔,民族众多。南方、北方、少数民族和边疆地区人民的服饰各不相同,且各具特色。即使同一地区,老年人和儿童,男性与女性,不同的职业,不同的场合,人们的服饰也都有着很大的差别。如反映江南茶区的题材,可以选择蓝印花布的上衣,再搭配蓝印花布或蓝布裤子及花布头巾;如反映现代都市的题材,女士可选择人们喜爱的旗袍及珍珠项链等配饰,男士可选择近年都市流行的中式服装及黑色圆口布鞋等;如反映少数民族的题材,由于少数民族的服装特色鲜明,如花似锦,应选择本民族特有的服饰。

总之,题材的多样性必然反映出服装的丰富性。只要我们准确地把握题材的地域和时代背景,就能选择出能表现茶席内容的典型服装和配饰。

(3) 根据茶席的色彩来选择

茶席的色彩主要就是具体器物和总体色彩气氛所呈现的色彩感觉。在选择服饰之前,对茶席的色彩层次要有一个准确的把握,分清主体器物的色彩和茶席总体的色彩气氛对象。如果主体器物的色彩比较统一,如壶、炉、杯、盏、碟等都是单一的白色、红色或其他色,这就构成了茶席的主体色。如果主器物色调不统一,如炉是土黄色,壶是褐色,杯是白色等,那就要确定茶席总体的色彩气氛。茶席总体的色彩气氛一般以铺垫和背景为标志,一旦主体器物不呈统一色,就要以铺垫或背景色来确定茶席总体的色彩气氛。

2. 音乐

茶席中的音乐就像一根无形的指挥棒,能将茶艺师的情感调动起来,也可以唤起观赏者对时间、环境及某一特殊经历的记忆,并与茶席主题产生共鸣。

◆ **背景音乐的选择**

音乐虽然没有国界、阶层、民族、年龄、性别、身份之分,但音乐的产生,总要受到一定地区、社会形态、社会文化及不同民族不同人的心理因素的影响,因此,音乐必然在旋律与节奏等元素中反映出不同地区、不同阶层、不同文化和不同时代的特征,并留下一定的文化印记。

(1) 根据不同的时代来选择

音乐的时代性是指那些在某一历史时期产生并广泛流行,深深地融入那个时期的政治、社会、文化、经济等生活中,成为那个时期的声音标志的音乐作品。例如,茶席设计"外婆的上海滩",选择的音乐是《四季歌》,用它作为背景音乐,不仅有效地点明了茶席主题要表现的时代,也有助于茶席中老唱机等物态语言的把握。

(2) 根据不同的地区来选择

音乐的区域特征历来为音乐家们所重视。音乐的区域特征主要来源于不同地区的民间曲调和在此基础上创作的戏曲、歌曲等。如浓郁的"二人转"曲调《月牙五更》能够让人强烈地感受到东北地区的民俗风情。

(3) 根据不同的民族来选择

不同地区内可能有不同的民族,甚至同一个地区就有许多语言、民俗等完全不同的民族。例如,芦笙、巴乌、短笛、铜鼓等,虽然都出自云南,但它们却各自代表着不同的民族,这就要求我们在选择背景音乐时,加以细心的区别。

(4) 根据不同的风格来选择

茶席设计一旦完成,其总体风格也就自然形成。粗犷、原始的物象,应选择那些音域宽广、宏大,富有强烈节奏感的音乐;器具组合细腻、灵巧的,应选择那些节奏平缓、和声柔美的音乐。总之,茶席的音乐应与整体风格相吻合,能给人以浑然一体的美好艺术享受。

◆ **背景音乐中曲与歌的把握**

用乐器演奏的乐曲,虽不使用语言,但仍能表达某种意境,反映某种情感。茶席设计一般应选择较为抽象的乐曲作为背景音乐。一般只在以下几种特定的情况下才会选择歌曲作为背景音乐:一是茶席特别强调具体的时代特征;二是茶席特别强调具体的环境特征;三是茶席本身就是对歌曲内容的诠释。

◆ **动态演示时旋律与节奏的把握**

茶席设计作为茶文化的一种表现形式,属传统文化的范畴。品茶历来要求在宁静的氛围中进行,因此,茶席的背景音乐,应以平缓的慢板或中板为主并贯穿始终。如果出现较多的变奏,情绪和情感的调整也就较多,平静的品茶氛围就会受到影响。

上篇 茶文化

3. 场地

茶艺表演场地的选择与布置是重要的环节。茶艺表演环境应无嘈杂之声,干净、清洁,窗明几净,室外也须洁净。此外,须预备观看场所,以及座椅、奉茶位置等。

场所的布置要因人、因地、因时而异,根据实际的表演场地去调整场地布置,既要有特色,又要与整个场地协调统一。

(二) 茶艺表演的类型

1. 仿古茶艺

仿古茶艺是以历史人物、事件、现象、图像等资料为素材,经艺术加工与提炼形成的茶艺活动,具有本民族深厚的历史底蕴。

◆ 宫廷茶艺

宫廷茶艺是我国古代帝王为敬神祭祖或宴赐群臣进行的茶艺活动,参与者以帝王权臣为主,宣扬雍容华贵、君临天下之观念。宫廷茶艺的特点是场面宏大、礼仪繁琐、气氛庄严、茶器奢华、等级森严且带有政治教化、政治导向等政治色彩。

　　思考:法门寺出土的唐代金银茶器的意义?

◆ 文人雅士茶艺

自古以来,茶与文人就有不解之缘。饮茶的境界与文人雅士崇尚自然山水、恬然淡泊的生活情趣相合。以茶雅志、以茶立德,无不体现中国文士一种内在的道德实践。

文士茶艺的风格以静雅为主。插花、挂画、点茶、焚香为历代文人雅士所喜爱,文人饮茶更重于品,山清水秀之处、庭院深深之所、清风明月之时、雪落红梅之日,都是文人们静心品茶的佳时佳境。文人品茶不为解渴,更多的是在内心深处寻求一片静谧。因而文人品茶不仅讲究何时何处,还讲究用茶、用水、用火、用炭,讲究与何人共饮。这种种的讲究其实只为一个目的,那便是进入修身养性的最高境界。

　　思考:宋代文士茶艺的特征有哪些?

◆ 仿宋点茶

点茶法是宋代独特的饮茶方式,是中国茶文化的经典之作,深受宋徽宗和大批文人如苏轼、李清照、杨万里、范仲淹等的推崇,并在他们的作品中得到充分体现。点茶法不仅可以品饮茶汤,而且极具艺术欣赏性,是古代斗茶采用的主要形式。

2. 民俗茶艺

民俗茶艺是根据我国各民族传统的地方饮茶风俗习惯,经艺术加工提炼而成,以反映各民族的茶饮风俗。我国是个多民族的国家,各族人民对茶都有着共同的爱好与需求,但由于各地所处地理环境和历史文化的不同,以及生活风俗的差异,每个民族的饮茶风俗也各不相同,客观上形成了各自不同的、具有独特风格与韵味的饮茶习俗。如"西湖茶礼""台湾乌龙茶茶艺表演""赣南擂茶""白族三道茶""青豆茶"等,这些民俗茶艺表现形式各异,内容丰富多彩,具有浓厚的地域色彩。

此外,茶艺表演的类型还包括儒家茶艺、佛教茶艺、道教茶艺等宗教茶艺,现代也可根据这个时代的事件、特定的文化内容、个人雅趣等来设计个性化的茶艺表演类型。

下篇

茶艺

岗位技能一

基础操作技能

任务一 | 茶礼仪

（一）站姿

双脚并拢，身体挺直，下颌微收，双眼平视，双肩放松。女性双手交叠，双手虎口交握，置于腹前；男性双脚微呈八字分开，双手可自然下垂，可交叠。

（二）走姿

走姿以站姿为基础，双手垂于身体两侧，手臂随走动步伐自然摆动，切忌上身扭动摇摆，行走应尽量成一条直线，到达来宾面前若为侧身状态，需转成正向面对；离开客人时应先退后两步再侧身转弯，切忌掉头就走，这样显得非常不礼貌。

（三）坐姿

端坐椅子前侧，双腿并拢，上身挺直，双肩放松，头正，下颌微收，眼平视或略垂视，面部表情自然。女性双手虎口交握，置放腹前或面前桌沿；男性双手分开如肩宽，半握拳轻搭于前方桌沿。女性可正坐，或双腿并拢偏向一侧斜坐，双脚可以交叉，双手如前交握轻搭腿根；男性可双手搭于扶手上，两腿可架成二郎腿，但双脚必须下垂且不可抖动。

站姿

坐姿

下篇 茶艺

（四）跪姿

日本、韩国的茶人习惯跪坐，故国际茶文化交流或席地而坐举行的茶会多用到这一姿势。跪姿分为跪坐、盘腿坐、单腿跪蹲。跪坐即日本的"正坐"，两腿并拢双膝跪在坐垫上，双足背相搭着地，臀部坐在双足上，挺腰放松双肩，头正，下颌略收，双手交叉搭放于大腿上。盘腿坐只限于男性，双腿向内屈伸相盘，双手分搭于两膝，其他姿势同跪坐。单腿跪蹲常用于奉茶，左膝与着地的左脚呈直角相屈，右膝与右足尖同时点地；也可左脚前跨膝微屈，右膝顶在左腿小腿肚处，其他姿势同跪坐。

（五）鞠躬礼

鞠躬礼分为站式、坐式和跪式三种。根据行礼的对象分成"真礼"（用于主客之间）、"行礼"（用于客人之间）与"草礼"（用于说话前后）。站立式鞠躬与坐式鞠躬比较常用，其动作要领如下：两手平贴大腿或置于腹前徐徐下滑，上半身平直弯腰，弯腰时吐气，直身时吸气。弯腰到位后略作停顿，再慢慢直起上身。行礼的速度宜与他人保持一致，以免出现不协调感。"真礼"要求行九十度礼，"行礼"与"草礼"弯腰程度较低。

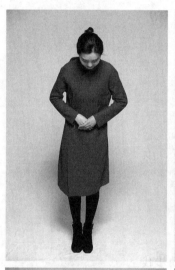

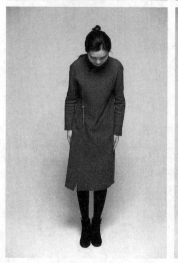

在参加茶会时会用到跪式鞠躬礼。"真礼"以跪坐姿势为预备，背颈部保持平直，上半身向前倾斜，同时双手从膝上渐渐滑下，全手掌着地，两手指尖斜对，身体倾至胸部与膝盖间只留一拳空当（切忌低头不弯腰或弯腰不低头），稍作停顿慢慢直起上身，弯腰时吐气，直身时吸气。"行礼"两手仅前半掌着地，"草礼"仅手指第二指节以上着地即可。

鞠躬礼

(六) 伸掌礼

这是品茗过程中使用频率最高的礼节,表示"请"与"谢谢",主客双方都可采用。两人面对面时,均伸右掌行礼对答。两人并坐时,右侧一方伸右掌行礼,左侧方伸左掌行礼。伸掌姿势如下:将手斜伸在所敬奉的物品旁边,四指自然并拢,虎口稍分开或并拢,手掌略向内凹,手心中要有含着一个小气团的感觉,手腕要含蓄用力,不至显得轻浮。行伸掌礼同时应欠身点头微笑,讲究一气呵成。

伸掌礼

(七) 叩指礼

此礼是从古时中国的叩头礼演化而来的,叩指即代表叩头。早先的叩指礼是比较讲究的,必须屈腕握空拳,叩指关节。随着时间的推移,逐渐演化为将手弯曲,用几个指头轻叩桌面,以示谢忱。

1. 晚辈向长辈行礼

五指并拢成拳,拳心向下,五个手指同时敲击桌面,相当于五体投地跪拜礼。一般敲三下即可。

2. 平辈之间行礼

食指中指并拢,敲击桌面,相当于双手抱拳作揖。敲三下,表示尊重。

平辈之间叩指礼

下篇 茶艺

3. 长辈向晚辈行礼

食指或中指敲击桌面,相当于点下头。如特别欣赏晚辈,可敲三下。

长辈向晚辈叩指礼

(八) 寓意礼

这是寓意美好祝福的礼仪动作,最常见的有以下四种。

1. 凤凰三点头

用手提壶把,高冲低斟反复三次,寓意向来宾鞠躬三次,以示欢迎。高冲低斟是指右手提壶靠近茶杯口注水,再提腕使水壶提升,此时水流如"酿泉泄出于两峰之间",接着仍压腕将水壶靠近茶杯口继续注水。如此反复三次,恰好注入所需水量,即提腕断流收水。

凤凰三点头

2. 双手回旋

在进行回转注水、斟茶、温杯、烫壶等动作时用双手回旋。若用右手则必须按逆时针方向,若用左手则必须按顺时针方向,类似于招呼手势,寓意"来、来、来",表示欢迎。反之,则变成暗示挥斥"去、去、去"了。

3. 放置茶壶

放置茶壶时壶嘴不能正对他人,否则表示请人赶快离开。

放置茶壶

4. 斟茶

斟茶时只斟七分即可,暗寓"七分茶三分情"之意。俗话说,"茶满欺客",实则茶满不便于握杯啜饮。

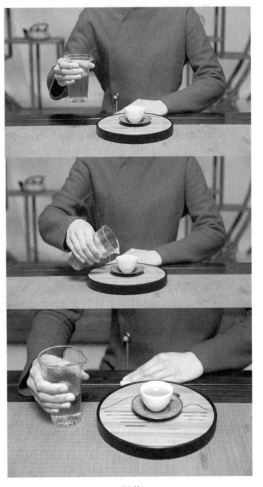

斟茶

下篇 茶艺

111

 ## 任务二 　茶巾的折叠与使用

茶巾又称为"茶布"。茶巾的材质主要有棉、麻等,棉质的茶巾是上选,吸水性好,无异味,多用于茶叶冲泡过程中擦拭茶汁和水渍。

(一) 茶巾的折叠

1. 长方形(八层式)

　　用于杯(盖碗)泡法时,以横折为例。将正方形的茶巾平铺桌面,将茶巾上下对应横折至中心线处,接着将左右两端竖折至中心线,最后将茶巾竖着对折即可。将折好的茶巾放在茶盘内,折口朝内。

长方形

2. 正方形(九层式)

　　用于壶泡法时,以横折法为例。将正方形的茶巾平铺桌面,将下端向上平折至茶巾 2/3 处,接着将茶巾对折,然后将茶巾右端向左竖折至 2/3 处,最后对折即成正方形。将折好的茶巾放在茶盘内,折口朝内。

正方形

（二）茶巾的使用

1. 擦拭品茗杯

左手拿住茶巾,右手拿茶夹夹住品茗杯,品茗杯弃水后平移至茶巾上,左手拿茶巾不动,右手将品茗杯轻轻按在茶巾上,让茶巾吸走杯底的水滴。

擦拭品茗杯

2. 擦拭公道杯

左手拿茶巾,右手虎口张开拿住公道杯,在斟茶入杯前,先平移到茶巾上,让茶巾将杯底水滴吸干,再进行斟茶。这样能防止公道杯底部的水滴到品茗杯中,给人造成不洁之感。

擦拭公道杯

3. 擦拭茶壶

在斟茶入杯时,茶壶底部如有水渍,则要用茶巾擦拭。如果是小茶壶,可以一手提壶一手拿茶巾,擦拭茶杯;如果是大茶壶,则须双手提壶将有水滴的一侧按在茶巾上,让茶巾吸干水渍。

4. 擦拭茶盘

在冲泡茶叶的过程中,难免会将水溅到茶盘上,这时可用茶巾轻轻将水渍擦拭干净。

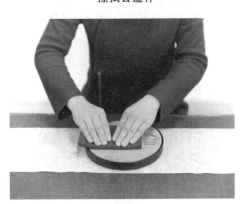

擦拭茶盘

下篇 茶艺

5. 隔热作用

在泡茶注水的过程中,可用茶巾隔热。若右手提水壶,则左手拿茶巾抵住水壶底部,这样既优雅又能避免被水壶烫伤。

隔热作用

任务 三 | 提壶与握杯

(一) 提壶

提壶不仅仅是为了倒茶,而且能体现主人的修养风度。

1. 侧提壶

◆ 小侧提壶(200 毫升以内)

传统的侧提壶,如是小壶,以"单手把提点钮"的方式来持壶较为利落美观。其方法是右手拇指与中指勾住壶把,并稍向壶心倾斜,然后以无名指与小指并列抵住壶把的下方,自然弯曲。这样,食指可以很方便地点住盖钮,壶的重心好掌握。如果夹把时手指向壶身外侧倾斜,提起壶来会觉得吃力,而且往下坠。

小侧提壶

◆ **中侧提壶**(200 毫升至 400 毫升之间)

中型壶，可单手食指与中指握住壶把，无名指与小指自然弯曲，拇指指尖侧压住壶盖。

若觉单手操作较为吃力，可改以"双手提把点钮"的方式，其方法是以拇指与食指夹住壶把，中指以下手指辅助之，另外一只手的食指点住盖钮。

中侧提壶"双手提把点钮"

◆ **大侧提壶**(400 毫升以上)

大壶就要以"双手穿把点钮"的方法来提壶了。方法是将食指或中指，或更多的指头穿过壶把，拇指按住壶把上方，另一只手用拇指、食指、中指压住壶钮。

按盖钮的手，除了能避免盖子掉落、稳走持壶之外，还有控制出水的作用。一把壶如果制作得精致，盖子盖上，按住气孔，水是不会流出去的。利用这个原理，要禁水时，按住气孔，要倒水时，放开气孔即可。

2. 飞天壶

飞天壶的壶把一端向上飞扬，如彩带飘逸。提壶方法是食指以下的指头从外向内勾住壶提，或视长度决定用几根手指，然后拇指按住盖钮。

3. 侧把壶

侧把壶是依据壶把的造型与位置定义的。如壶把设计成握柄，位置与壶身成直角，冲泡时可有效避免烫手问题。侧把的壶型在持握上更加随性，出水的姿态随握法而变，在冲泡举止间更加有韵味。

挑选侧把壶需亲自握过，尺寸符合手掌的大小胖瘦。挑选时应注意，向壶内注满水后，以单手平平拿起，缓缓倒水，若感觉自在顺手，就表示这把壶的重心适中、稳定。

下篇 茶艺

侧把壶

　　提侧把壶的方法有两种：一是右手大拇指按住盖钮或盖一侧，其余四指握壶把提壶；二是右手大拇指和中指握住壶把，食指按住盖钮或盖一侧。

4. 提梁壶

　　提梁壶是指以提梁为把的壶。因为古人饮茶，要将茶壶放在茶炉上烹煮，所以用提梁壶较为方便。提梁与壶身的重心在一条垂线上，提执时比较省力，也不易损坏，只是斟注时较为费力。

　　持壶的方法有两种：一种是握提法，就是以拇指与食指、中指夹住壶提后半部分，提低时，拇指顺便点住盖钮；提高时，以另外一只手的食指点住盖钮。如果在倒水的时候盖钮没有掉落的危险，不点住盖钮也没有关系。若提梁壶为大型壶，则需要用右手握提梁把，左手食指、中指按在壶的盖钮上，使用双手提壶。另一种是托提法，就是掌心向上，拇指在上，四指提壶。

提梁壶　（握提法）

(二) 握杯

1. 大茶杯

（1）无柄杯

　　右手虎口分开，握住茶杯基部或者上部，但切忌不要触碰边缘，女士可左手四指并拢用指尖轻托杯底来辅助。

无柄杯

(2) 有柄杯

右手食指与中指勾住杯柄,大拇指与食指相搭,女士可用左手指尖轻托杯底。

2. 闻香杯

右手虎口分开,手指虚拢成握空心拳状,将闻香杯直握于拳心;也可双手掌心相对虚拢做合十状,将闻香杯捧在两手间,这样做的目的是使闻香杯的温度不至于迅速下降,有助于茶香气的散发。

闻香杯

3. 品茗杯

右手虎口分开,大拇指与食指握杯两侧,中指抵住杯底,无名指及小指则自然弯曲,称"三龙护鼎法"。

4. 盖碗

手持盖碗有两种方法:其一,右手虎口分开,大拇指与中指扣在杯身两侧,食指屈伸按在盖钮下凹处,无名指及小指自然搭扶碗壁。其二,拇指按住盖钮下凹处,其他四指并拢。

盖碗

5. 公道杯

公道杯,形状似无柄的敞口茶壶,起均匀茶汤的作用,多用于乌龙茶的冲泡。公道杯的提法:如是有盖的,可用拇指、中指与无名指形成三角点握住公道杯,食指轻点盖钮,小指向内收拢;如果是开口式公道杯,有个侧把,那就以单手提把的方式持杯;如无侧把,则虎口分开,四指并拢握住。

公道杯

任务四 翻杯

翻杯动作可双手完成,亦可右手单手完成。

(一) 无柄杯

右手虎口向下,手背向左(即反手)握面前茶杯的左侧基部,左手位于右手手腕下方,用大拇指和虎口部位轻托在茶杯的右侧基部,双手同时翻,两手相对捧住茶杯,轻轻放下。对于很小的茶杯,如乌龙茶泡法中的品茗杯,可用单手动作,右手手心向下,用大拇指与食指、中指三指扣住茶杯外壁,向内转动手腕成手心向上,轻轻将翻好的茶杯置于茶盘上,左手虚掩在右手上,护持完成此动作。

无柄杯

（二）有柄杯

右手虎口向下，手背向左（即反手）食指插入杯柄环中，用大拇指与食指、中指三指捏住杯柄，左手手背朝上用大拇指、食指与中指轻扶茶杯右侧基部，双手同时向内转动手腕，茶杯翻好轻置于杯托或茶盘上。

（三）品茗杯与闻香杯

品茗杯与闻香杯翻杯时可双手完成，也可右手单手完成。

双手：双手大拇指按着品茗杯底部，中指和食指固定住闻香杯的底部，自内向外双手手腕同时发力，将闻香杯倒转，扣在品茗杯上，让茶汤倒入品茗杯中。

单手（右手）：右手食指和中指分开将闻香杯托起，大拇指摁住闻香杯的底部，手腕轻松自然地翻转，使品茗杯在下，闻香杯在上。

品茗杯与闻香杯（双手）

品茗杯与闻香杯（单手）

下篇 茶艺

任务五 温器

（一）温壶

1. 开盖

右手大拇指、食指与中指按壶盖的壶钮上，揭开壶盖，提腕依半圆形逆时针轨迹将其放在茶壶右侧的盖置（或茶盘）上。

2. 注汤

右手提水壶，按逆时针方向回转手腕一圈低斟，使水流沿圆形的茶壶口冲入；然后提腕令水壶中的水高冲入茶壶，待注水量为茶壶总容量的 1/2 时压腕低斟，回转手腕一圈并用力使水流上翻，令水壶及时断水后，轻轻放回原处。

3. 加盖

与开盖操作轨迹相反即可。

4. 烫壶

双手取茶巾横覆在左手手指部位，右手拇指、食指和中指握住茶壶把，将茶壶放在左手茶巾上，双手协调按逆时针方向转动手腕如滚球动作，令茶壶壶身各部分充分接触开水，让冷气涤荡无存。

注汤

5. 倒水

根据茶壶的样式以正确手法提壶将水倒入茶盂。

(二) 温公道杯及滤网

用开壶盖法揭开公道杯盖(无盖则省略),将滤网置放在杯上,注开水,其余动作同温壶法。

(三) 温杯

1. 大茶杯

步骤一 右手提水壶,逆时针转动手腕,令水流沿茶杯内壁冲入约茶杯总容量的 1/3 后右手提腕断水,逐个注水完毕后水壶复位。

步骤二 右手握茶杯基部,左手托杯底,右手手腕逆时针转动,双手协调令茶杯各部分与开水充分接触。

步骤三 涤荡后将开水倒入茶盂,放下茶杯。

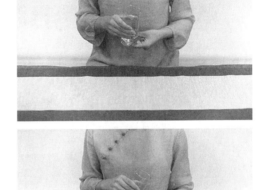

温杯 (大茶杯)

2. 品茗杯

◆ 茶盘上

步骤一 翻杯时将茶杯相连排成"一"字或圆圈,右手提壶(杯),用往返斟水法或循环斟水法向各杯内注入开水至满,壶(杯)复位。

温杯(品茗杯之茶盘上)

步骤二 右手大拇指、食指与中指端起一只茶杯,用无名指勾动杯底如"招手"状拨动茶杯,令其旋转,使茶杯内外均用开水烫到。

步骤三 复位后取另一茶杯再温,最后一只茶杯温毕,壶(杯)中温水轻荡后倒去。

◆ 茶席上

如在茶席上温杯,可在品茗杯中注入七八分满的开水,端起后将小茶杯按逆时针方向旋转一圈,使得茶杯内壁与开水充分接触,涤荡后将开水倒入茶盂,即可放下品茗杯。

温杯 (品茗杯之茶席上)

（四）温盖碗

步骤一 斟水

可将碗盖的盖子反扣在碗上，近身侧略低且与碗内壁留一小缝隙。提开水壶逆时针向盖内注开水，待开水顺缝隙流入碗内一定容量后右手提腕令开水壶断水，壶复位。

步骤二 翻盖

右手取茶针插入缝隙内，左手手背向外护在盖碗外侧，掌沿轻靠碗沿，右手用茶针由内向外拨动碗盖，左手大拇指、食指与中指随即将翻起的盖正盖在碗上。

步骤三 烫碗

右手虎口分开，大拇指与中指搭在内外两侧碗身中间部位，食指弯曲抵住碗盖盖钮下凹处，左手托住碗底，端起盖碗，或可拇指弯曲抵住盖碗盖钮下凹处，其余四指并拢托住碗底，左手轻扶碗身。右手手腕呈逆时针方向运动，双手协调令盖碗内各部位充分接触热水后放回茶盘。

步骤四 倒水

右手提盖钮将碗盖靠右侧斜盖，即在盖碗左侧留一小隙，依前法端起盖碗平移于茶海或茶盂上方，向左侧翻手腕，水即从盖碗左侧小隙流出。

温盖碗

下篇 茶艺

任务六 置茶与投茶

（一）开茶罐法

1. 套盖式茶罐

双手捧住茶罐,两手大拇指用力向上推外层铁盖,边推边转动茶罐,使各部位受力均匀,这样比较容易打开。待其松动后,右手虎口分开,用大拇指与食指、中指抵住外盖外壁,转动手腕取下外盖后移放到一侧,取茶完毕取盖扣回茶罐,两手食指向下用力压紧盖好后放回。

2. 压盖式茶罐

双手捧住茶罐,右手大拇指、食指与中指捏住盖钮,向上提盖将其放到一侧,取茶完毕依前法盖好放回。

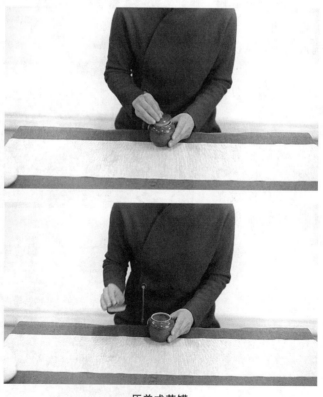

压盖式茶罐

(二) 取茶样

1. 茶罐与茶则法

左手竖握(或端)住已开盖的茶罐,右手放下罐盖后弧形提臂转腕向茶则边,用大拇指、食指与中指三指捏住茶则柄,将茶则插入茶罐,手腕向内旋转舀取茶叶,左手应配合向外旋转手腕令茶叶疏松易取,茶则舀出的茶叶直接投入冲泡器,取茶毕,右手将茶则复位,再将茶罐盖好复位。此法可用于多种茶的冲泡。

茶罐与茶则法

2. 茶荷与茶匙法

右手握茶匙,左手托起茶荷,用茶匙将茶叶拨入冲泡器中。在名优绿茶冲泡时常用此法取茶。

将茶荷放至左手(掌心朝上)令茶荷口朝向一侧并对准冲泡器壶口,右手取茶匙将茶叶拨入冲泡器。足量后右手将茶匙复位,两手合作将赏茶荷放下。这一手法常用于乌龙茶冲泡法。

茶荷与茶匙法

3. 茶则与茶匙法

左手握住茶则柄,右手持茶匙将茶叶轻轻拨入冲泡器中。

(三) 投茶手法

早在明代张源所著的《茶录》中就提到：“投茶有序，毋失其宜。先茶后汤曰下投；汤半下茶，复以汤满，曰中投；先汤后茶曰上投。春秋中投，夏上投，冬下投。”这句话的意思是，在冲泡茶的时候，投茶是有顺序的，中投、上投、下投合称茶的“三投法”。

1. 上投法

上投法，一般适用于卷曲且重实而沉、芽叶细嫩的茶叶，如碧螺春、信阳毛尖等条索较为紧结，对松散型或毛峰类茶叶则不适宜，否则茶叶会浮于汤面。

步骤一 准备一只壶或高玻璃杯，先冲热水至壶或杯的七分满；

步骤二 将茶叶拨入茶壶或茶杯中；

步骤三 待茶叶伸展开来，即可饮用。

采用上投法泡茶，虽然解决了部分紧实的高级细嫩名茶因开水温度太高，而影响茶汤和茶姿的问题，但同时会使杯中茶汤浓度上下不一，茶的香气不容易挥发。因此，品饮上投法冲泡的茶时，最好先轻轻摇动茶杯，使茶汤浓度上下均一，茶香得以挥发后再饮用。

2. 中投法

中投法其实就是两次分段泡茶法，虽然这一方法对茶的选择性不是很强，也在一定程度上解决了泡茶水温偏高带来的弊端，但也使泡茶过程复杂化。

中投法适用于较为纤细而下沉的茶，如黄山毛峰、太平猴魁等。

步骤一 向杯中冲入 1/3 的热水；

步骤二 投入适量的茶叶，轻轻转动杯中茶，以使茶叶充分浸润；

步骤三 注水至七分满；

步骤四 待茶叶伸展开来，即可饮用。

3. 下投法

下投法适合于乌龙茶、黑茶、红茶等干茶重实、条索紧结且遇水不易泡开的茶叶。

步骤一 准备壶或玻璃杯，投入适量茶叶；

步骤二 倒入少许热水，将茶叶稍稍润湿；

步骤三 注水至壶或杯的七分满；

步骤四 待茶叶伸展开来，即可饮用。

（一）

（二）

（三）   （四）

下投法

任务七 | 冲泡

冲泡时的动作要领是头正身直、目不斜视，双肩齐平、抬臂沉肘。一般用右手冲泡，左手半握拳或自然平放在桌上。

（一）回旋冲泡法

1. 单手回转冲泡法

右手提开水壶，手腕逆时针回转，令水流沿茶壶口（茶杯口）内壁冲入茶壶（杯）内。

2. 双手回转冲泡法

如果开水壶比较沉，可用此法冲泡。取茶巾置于左手手指部位，右手提壶，左手垫茶巾部位托住壶底，右手手腕逆时针回转，令水流沿茶壶口（茶杯口）内壁冲入茶壶（杯）内。

（二）凤凰三点头冲泡法

"凤凰三点头"是指用手提水壶高冲低斟反复三次，寓意向来宾鞠躬三次以表示欢迎。高冲低斟是指右手提壶靠近茶壶（茶杯）口注水，再提腕使开水壶提升，接着压腕将开水壶靠近茶壶（茶杯）口继续注水。如此反复三次，恰好注入所需水量即提腕断流收水。

（三）回转高冲低斟法

乌龙茶冲泡时常用此法。先用单手回转法，右手提开水壶注水，令水流从茶壶壶肩开始，逆时针绕圈至壶口、壶心，提高水壶令水流在茶壶中心处持续注入，直至七分满时压腕低斟（仍同单手回转手法）；水满后提腕令开水壶壶流上翘断水。淋壶时也用此法，水流从茶壶壶肩到壶盖再到盖钮，逆时针打圈浇淋的目的是提升壶内温度。

下篇　茶艺

127

任务八 分茶与奉茶

（一）循环分茶法

循环分茶法是在分茶时尽量保持各个茶杯中茶汤的浓度、色泽、滋味、香气大体一致的一种方法。

操作方法是"巡河"，即先将茶杯一字排开，然后像哨兵巡逻一样来回冲注。以分斟三杯茶为例，可以先将三只茶杯一字排开，然后开始斟茶入杯，第一杯斟入杯容量（按七分满计算）1/3 的茶汤，第二杯斟入杯容量 2/3 的茶汤，第三杯斟至七分满，而后再依三、二、一的顺序，逐杯倒至七分满为止，使各杯的茶汤基本上达到均匀一致，充分体现茶艺师平等待人的精神。

循环分茶

（二）公道杯分茶

这种方法比较简单，分茶的方法是把茶壶里的茶汤一次性倒入公道杯，在公道杯中均匀茶汤，然后依次倒出第一杯、第二杯……

（三）奉茶

1. 奉茶的手法

◆ 正面端杯与奉茶

双手端起茶托或茶盘，收至自己胸前，将茶杯端至客人面前桌面，轻轻放下；或双手端杯递送到客人手中。从客人正面奉茶时，伸出右掌，手指自然合拢示意"请"。

◆ 右侧端杯与奉茶

双手端起茶托或茶盘,收至自己胸前,右手握茶杯的中部,左手托杯底,双手将茶递给客人,递交后,左手掌轻托右前臂,右手伸掌示意"请"。

2. 奉茶的顺序

奉茶应讲究先后顺序,一般先客后主,先长后幼,先女后男。

3. 奉茶的禁忌

尽量不要用一只手奉茶,尤其不能用左手;切勿让手指碰触杯口;为客人倒的第一杯茶,通常不宜斟得过满,以杯深的 2/3 处为宜;奉茶应把握好续水的时机,以不妨碍宾客交谈为佳,不能等到茶叶见底后再续水。

知 识
链 接

分茶的 *讲究*

1. 分茶时壶嘴不宜过高

有的人认为,分茶的时候把茶壶提高一点注水显得很帅气,但其实这只适用于个别茶品,且需要掌握一定的技巧。因这样分茶不仅会将茶汤溅到客人身上,造成失礼,还会流失茶的香气。正确的分茶方法是"低斟",把壶嘴放低一点倒,只要手法流畅利落,同样帅气。

2. 分茶不能倒满

在正式场合,分茶时只倒七分满,这既不是因为茶太珍贵,也不是因为主人小气,而是因为茶是热的,倒太满容易烫手,一不小心有可能摔碎杯子,且倒茶太满易溢出弄湿茶台。所以说"茶倒七分满,留下三分做人情",只倒七分满是对客人的尊重。

3. 分完茶茶壶的摆放

分完茶,茶壶不能随意摆放,通常是将壶嘴与水平呈 45°角向内摆放在手边,不可将壶嘴对着客人,这很不礼貌。

这些礼仪并不是形式化的东西,而是兼具实用性、艺术性和礼仪性。

任务 九 | 品 茗

（一）盖碗品茗法

盖碗既可以直接用来品饮，也可以用来泡茶。鲁迅先生曾在《喝茶》一文中这样写道："喝好茶，是要用盖碗的。于是用盖碗。果然，泡了之后，色清而味甘，微香而小苦，确是好茶叶。"

喝盖碗茶有个讲究的连续动作，称为"三吹三浪"。左手托碗托，右手拇指、中指提碗盖，在碗面、碗沿上轻拨，后将碗盖半沉入水，由里向外滑动，推三下，绿波翻涌，翠叶沉浮，幻影游动；饮茶时从茶碗与盖的缝隙中啜茶，茶水于舌边、舌根回荡，如此分三次吞下，也是三口为品之意，口中暗香浮动，此为"三吹三浪"。

喝茶时用茶盖拨一下，一是把漂浮在茶汤上的茶叶拨到另一面，可以避免一口喝下茶叶；二是可以看见茶叶上下飞舞，闻到泡开的茶叶散发出的清香，实在是一种美妙的享受。

（二）品茗杯品茗法

1. 品茗杯的种类

品茗杯有瓷、陶、紫砂、玻璃等材质，款式有斗笠形、半圆形、碗形、单层或双层等。

2. 品茗杯使用方法

拿品茗杯的方法是拇指和食指捏住杯身，中指托杯底，无名指和小指收好，持杯先闻香观汤色后品茶。品茗时，分三口喝，所谓一口为喝，二口为饮，三口为品。一观其色，二闻其香，三品其味。

品饮乌龙茶时，品茗杯与闻香杯搭配使用。

有的品茗杯是品茗杯和杯托搭配使用，有的只有一个单杯。

品茗杯品茗法

岗位技能二

茶叶冲泡

任务 一 龙井茶冲泡法(绿茶)

步骤一 备具:水壶、玻璃杯、茶则、茶匙

冲泡绿茶最常用的器皿就是玻璃杯。用玻璃杯冲泡绿茶,一方面可观察到茶叶在水中缓缓舒展、游动、变幻的过程;另一方面,该方法简单、实用、高效,冲泡后芽尖冲向水面,悬空直立,然后徐徐下沉,如春笋出土,似金枪林立。目前,很多茶艺馆会用盖碗冲泡绿茶,相比于玻璃杯冲泡,盖碗保温性好一些。一般来说,条索比较紧实的绿茶,可采用盖碗冲泡,好的白瓷可充分衬托出茶汤的嫩绿明亮,且盖碗比较雅致,手感也较好。

步骤二 取水(山泉水为上)

古人曾云:"茶性发于水,八分之茶,遇十分之水,茶亦十分矣;八分之水,遇十分之茶,茶只八分耳。"水质直接影响茶汤的品质,除冲泡方式外,水质尤为关键。

冲泡龙井山泉水为上(山泉水最好是当地水,一方水土养一方茶,当地水在某种程度上更能泡出当地茶的茶香)。如果没有山泉水,一般超市里的瓶装矿泉水也可以。

步骤三 煮水(将水烧沸,冷却至85~95 ℃)

冲泡龙井茶千万不要用100 ℃沸水,因为龙井茶没有经过发酵,茶叶娇嫩,水温太高,不但会把茶叶烫坏,而且会把龙井苦涩的味道一并冲泡出来,影响茶汤的口感。

步骤四 取茶

泡茶时,茶叶用量并没有统一的标准,视茶具大小、茶叶种类和各人喜好而定。一般来说,冲泡龙井茶,茶与水的比例大致是 1∶(50~60)。茶叶用量主要影响滋味的浓淡,初喝茶者可尝试不同的用量,找到自己最喜欢的茶汤浓度。

下篇 茶艺

131

步骤五 温杯

将备用的热水倒入玻璃杯中至三分满，双手托杯底，轻轻转动杯身，使热水温烫到杯子的每一个部位，之后将温杯的水倒入茶盂。

步骤六 投茶

用茶匙将茶则中的西湖龙井轻轻投入玻璃杯中。

步骤七 润茶

向玻璃杯中倒入热水，以浸没茶叶为宜，同时双手握杯轻摇，使得叶片浸润舒展即可。

温杯

步骤八 冲泡

高冲水至杯七分满，静置 1~2 分钟。冲泡绿茶需要高冲低斟，"高冲"可增加水柱接触空气的面积，使热水有效冷却。水温通过对茶叶成分溶解程度的不同影响茶汤滋味和茶香。

步骤九 赏茶舞

欣赏茶叶吸水后渐渐沉入杯底、茶汤慢慢变绿的过程。

任务 **二** 碧螺春冲泡法（绿茶）

步骤一 备具（玻璃杯为佳）

步骤二 取水（山泉水或矿泉水）

步骤三 煮水（将水烧沸，冷却至 80 ℃左右）

冲泡碧螺春水温以 80 ℃为宜，如水温过高，口感就会大打折扣。

步骤四 取茶（茶水比例大致为 1∶50）

步骤五 温杯

将备用的热水倒入玻璃杯中至三分满，双手托杯底，轻轻转动杯身，使热水温烫到杯子的每一个部位，之后将温杯的水倒入茶盂。

步骤六 冲水

直接冲水入杯至七分满。

步骤七 赏茶

欣赏茶荷中碧螺春干茶的外形,并轻闻其香气。

步骤八 投茶

用茶匙将茶荷中的碧螺春轻轻拨入玻璃杯中。

步骤九 赏茶舞

欣赏茶叶吸水后渐渐沉入杯底、茶汤慢慢变绿的过程。

任务三  白毫银针冲泡法(白茶)

步骤一 备具(玻璃杯为佳)

冲泡白毫银针的茶具通常是无色无花的直筒形透明玻璃杯,品饮者可从各个角度欣赏到杯中茶的形、色及其变幻。当然,也可使用白色盖碗、白瓷杯、紫砂茶具等。

步骤二 取水

冲泡白毫银针宜使用天然软水,如各种优质天然泉水、溪水及软水质的江河水。如果使用自来水、井水及各类水质较硬的矿泉水、江河水进行冲泡,汤色常常浑浊不清且滋味清淡。在无合适用水的情况下,可选择使用纯净水泡茶,但不宜长期大量饮用纯净水。

步骤三 煮水(沸水冷却至90 ℃以上)

白毫银针是白茶,未经揉捻,茶味较难浸出,需要使用90 ℃或以上的热水冲泡,且冲泡时间需稍微长些,这样才能更好地泡出醇厚的滋味。

◆ **玻璃杯冲泡法**

白毫银针泡饮方法与绿茶基本相同,但因其未经揉捻,茶汁不易浸出,冲泡时间宜较长。一般取3克银针置于沸水烫过的无色无花透明玻璃杯中,冲入适量开水,开始时茶芽浮于水面,5~6分钟后茶芽部分沉落杯底,部分悬浮茶汤上部,此时茶芽条条挺立,上下交错,望之有如石钟乳,蔚为奇观,约10分钟后茶汤泛黄即可取饮,此时可边观赏边品饮,意趣盎然。

◆ **白瓷盖碗冲泡法**

除玻璃杯外,用白瓷盖碗冲泡白毫银针也是一种不错的选择。白瓷盖碗不吸收汤水和香气,有极强的还原性,不破坏茶汤滋味,也不损耗香气,可保持白毫银针的原汁原味。

(一)

下篇 茶艺

133

（二）

（三）

白毫银针盖碗冲泡法

用盖碗冲泡，先用沸水将茶具清洗一遍，之后将茶投入盖碗，投茶后可凭盖碗的余温闻香，之后再用热水冲泡。在冲泡白毫银针时，建议采用定点注水的方式，这样不会烫伤娇嫩的芽头，保证茶叶的原汁原味。白毫银针冲泡时，前 3 泡出水时间要快，通常 5 秒出水即可，之后根据茶汤的浓度延缓出水时间。

品饮时先闻香，后尝味，顿觉满口生香，回味无穷。用盖碗冲泡白毫银针，通常可泡 12~15 次，回甘不减，香醇甘甜依然。

◆ **壶泡法**

取 7~10 克白毫银针置于茶壶内，用 90 ℃的热水温润后，再用 100 ℃沸水闷泡，大约 45 秒就可出水品

饮。喝完后，直接续水闷泡，闷泡时间随水温、茶量不同而不同，想要茶汤浓厚则时间相对延长，尤其是冲泡陈年白茶。

任务四 君山银针冲泡法（黄茶）

君山银针产于湖南岳阳洞庭湖中的君山，形细如针，属于黄茶类针形茶，有"金镶玉"之称。君山茶旧时曾有"黄翎毛""白毛尖"之名，后因其茶芽挺直，布满白毫，形似银针而得名"君山银针"。此茶幽香、有醇味，更重要的是其极具观赏性，但冲泡技术和程序十分关键。

步骤一 备具（玻璃杯最佳）
茶具宜用透明的玻璃杯，并用玻璃片作盖。杯子高 10~15 厘米，杯口直径 4~6 厘米。

步骤二 取水（山泉水为上）
冲泡君山银针以清澈的山泉水为佳。

步骤三 煮水（沸水冷却至 70 ℃左右）

步骤四 洁具

用沸水预热茶杯,清洁茶具,并擦干杯中水珠,以免茶芽吸水而降低茶芽的竖立率。

步骤五　置茶

用茶匙轻轻地从茶罐中取出君山银针约 3 克,投入茶杯待泡。

步骤六　高冲

利用水的冲力,将水壶中冷却至 70 ℃左右的沸水,先快后慢冲入茶杯至 1/2 处,使茶芽湿润,稍后,再冲至七八分杯满为止。为使茶芽均匀吸水,加速下沉,可用玻璃片盖住茶杯, 5 分钟后,去掉玻璃盖片。此时,茶芽渐次直立,上下沉浮,并且芽尖上有晶莹的气泡,这是君山银针茶的特有现象。

君山银针是一种以观赏为主的特种茶,讲究边赏边饮。在刚冲泡时,君山银针是横卧水面的,加上玻璃片盖后,茶芽吸水下沉,芽尖产生气泡,犹如雀舌含珠,似春笋出土。接着,沉入杯底的直立茶芽在气泡的浮力作用下,再次浮升,如此上下沉浮,真是妙不可言。

任务五　铁观音冲泡法(乌龙茶)

铁观音色泽黛绿,形如珍珠,汤色金黄,滋味鲜爽,清香扑鼻,素有"绿叶红镶边,七泡留余香"之美称。

步骤一　备具(白色瓷茶具为佳)

冲泡铁观音可根据各人喜好选择瓷茶具或紫砂茶具。由于近年来铁观音流行轻发酵,比较重视茶叶的香气,所以建议选择瓷茶具(盖碗或壶均可),这样有利于挥发出铁观音的香气。瓷器中又以白色茶具为最佳,因为铁观音冲泡后的茶汤呈金黄色或琥珀色,与白色交相辉映。由于紫砂壶密度较小,壶体孔隙会吸附一部分茶味,所以香气也易被壶吸收,略输一筹。

步骤二　取水(山泉水为上)

铁观音不能用自来水冲泡,因为自来水中杂质较多,且含有一些消毒杀菌成分,它们会破坏茶汤的口感。最好选择纯天然的山泉水来冲泡,这样能让冲泡后的茶汤滋味甘甜诱人。

步骤三　取茶量与水温(100 ℃沸水)控制

250 毫升左右的茶具,其每次投茶量为 5~7 克,而水温一定要保持在 100 ℃,水温过低,则不利于铁观音茶叶的出汤效果。泡茶烧水,要大火急沸,不要文火慢煮。以刚煮沸起泡为宜,用软水煮沸泡茶,茶汤香味更佳。

步骤四　洁具

用开水预热茶杯,清洁茶具,再温烫公道杯,最后用公道杯中的水温烫品茗杯和闻香杯。

步骤五　置茶

用茶匙将茶荷中的铁观音拨入壶中。

步骤六　洗茶

将少量开水冲入壶中,之后快速将壶中的水倒入茶盂中,第一泡要在30秒之内倒出,然后重新冲入,称之为"洗茶"。

步骤七　冲水、刮沫、出汤

重新冲入沸水,用盖刮去漂浮在壶口的泡沫,之后用开水冲洗壶盖,然后盖上壶盖,一分钟左右直接出汤,倒入公道杯中。冲泡时要掌握"高冲低斟"的原则,即冲水时可悬壶高冲,但如果是将茶汤倒出,就一定要压低主泡器,尽量减少茶汤在空气中停留的时间,以保持茶汤的温度和香气。

将公道杯中的茶汤分入品茗杯中,先闻其香,后品其味,但每次倒入的茶汤量不超过品茗杯容量的2/3。

知识小贴士

茶叶冲泡时间和次数差异很大,这与茶叶种类、水温、茶叶用量、饮茶习惯等都有关系。铁观音冲泡讲究"一泡汤二泡茶,三泡四泡是精华",每次冲泡都要用沸水,第五泡后浸泡时间稍延长。铁观音可反复冲泡七次左右。

任务六　祁门红茶冲泡法(红茶)

步骤一　备具(宜选择成套的玻璃茶具或白瓷茶具)

祁门红茶重在表现汤色和香气,选用茶具要有讲究。冲泡高端祁门红茶宜选择玻璃茶具或白瓷茶具。因为祁门红茶汤色红艳,选用白瓷、玻璃茶具最能表现其汤色特点,透明或白色的茶具盛装着红艳艳的茶汤,波光荡漾,杯沿映现出一圈金色的光环,这是祁门红茶独有的"金圈"韵味,令人赏心悦目。

步骤二　取水(软水最佳)

冲泡红茶以纯净水、矿泉水这类"软水"最佳。此外,冲泡红茶不适宜用二度煮沸的水,因为二度煮沸的水中空气已减少,会使红茶特有的芳香及色泽大打折扣。

步骤三　取茶量与水温控制(95 ℃左右沸水)

产地、等级、新鲜度等差异会引起红茶茶味的差异。冲泡红茶,一般以4~5克为

 茶文化与茶艺

宜，5人以上时，可适当增至8~10克。

祁门红茶总体上宜高温冲泡，中高级祁门红茶可用95℃左右水冲泡，普通祁门红茶宜沸水冲泡。水温太低，无法将茶泡开；水温太高，容易产生涩味。一般是在水沸腾后，熄火稍待片刻再行冲泡，等待时间长短需视室温而定。另外，也可以采用"高冲法"，即将热水壶高举，如此热水注入壶中时会有一段缓冲，亦有降温效果。

步骤四　洁具
将初沸之水注入瓷壶及品茗杯中，为壶、杯升温，之后将水倒入茶盂。

步骤五　置茶
用茶匙将茶荷中的祁门红茶轻轻拨入壶中。

步骤六　温润泡
温润泡通常也叫洗茶或醒茶，即将茶叶投入茶杯或茶壶后，注入热水温润10秒左右倒出。这个过程除可醒茶之外，还具有提高茶叶净度的作用。

步骤七　注水
高冲水入茶壶中，使茶叶在水的激荡下充分浸润。

步骤八　出汤
要冲泡出一壶好茶，冲泡时间的掌握十分关键。在茶叶渐渐舒展的过程中，红茶中的茶单宁和咖啡碱慢慢结合，祁门红茶的高香醇美便慢慢溢出。若冲泡时间过久，红茶中的单宁酸和儿茶素会全部释放出来，使茶汤变得苦涩；若冲泡时间过短，红茶中的氨基酸释放不足，则泡不出红茶的香醇。

通常，第一道茶水弃去，目的是洗茶或醒茶，时间约10秒；第二道的时间约60秒；第三道的时间比第二道长些，约90秒。以此类推，越泡茶水浓度越淡，浸泡时间也应相应延长。以上只是大体时间，冲泡时请根据实际情况掌握。

将壶中泡好的茶汤倒入公道杯中，控净茶汤。

步骤九　分杯、赏茶
将公道杯中的茶汤均匀分入品茗杯中，使杯中之茶的色、味一致。

祁门红茶的汤色红艳，杯沿有一道明显的"金圈"，茶汤的明亮度和颜色可表明红茶的发酵程度和茶汤的鲜爽度。

 **任务七　普洱熟茶冲泡法(黑茶)**

步骤一　备具(宜选择壶或盖碗)
壶：宜选腹大的瓷壶、陶壶、紫砂壶等，因为普洱茶的浓度高，用腹大的壶可避免茶汤过浓。

盖碗：瓷盖碗使用方便，造型优雅，并且有助于观赏普洱茶的汤色。

步骤二　取水(软水最佳)

冲泡普洱熟茶最好用纯水或山泉水(软水为佳)。如果没有这些水，凡符合国家饮用水标准的水也可用来泡茶。

步骤三　取茶量与水温控制(100 ℃沸水)

普洱熟茶冲泡，茶水比例一般为1:50，或置茶量为容器容量的2/5左右，也可根据泡茶的器皿和品茗人数的多少而定，如用盖碗冲泡，一般为3~5人置茶3~5克。

另外，还应先辨别泡的是紧压茶还是散茶，散茶可多投一些，而紧压茶可相对投少一些。现在市场上的普洱茶一般以茶饼、茶砖等紧压茶居多，在冲泡这类茶时，要先用茶针或茶锥撬成小块，然后放入紫砂罐备用，也可以喝的时候再撬开。

冲泡普洱熟茶通常用100 ℃沸水，最低也要90 ℃。煮水时不宜过度沸腾，否则水中保留的氧气过少，会影响茶叶的活性。

步骤四　洁具

先用热水温烫主泡器，然后用温壶(碗)的水温烫公道杯，最后用公道杯中的水温烫品茗杯。

步骤五　备茶、投茶

从茶罐中取出已经解散的熟茶，放入茶荷中备用。用茶匙将茶荷中的茶叶拨入紫砂壶中。

步骤六　润茶

将开水冲入主泡器中，以半壶(碗)为宜，醒茶之后，迅速持壶(碗)将水倒入公道杯中。

步骤七　注水

直接冲水至满壶(碗)，刮去浮沫，盖上壶(碗)盖。

步骤八　外淋壶(碗)

用公道杯中的茶汤外淋壶(碗)。

步骤九　温杯、出汤、分茶

手持品茗杯，按逆时针方向轻轻转动，使热水浸润杯内壁的所有部位，之后将温杯的水倒入茶盂中。

将壶(碗)中泡好的茶汤经滤网快速倒入公道杯中，使得茶汤均匀控净。

 知识小贴士

普洱熟茶冲泡时间视茶叶的情况而定。一般紧压茶，冲泡时间可稍短些，散茶冲泡时间可稍长些；投茶量多冲泡时间可稍短些，投茶量少，冲泡时间可稍长些；刚开始泡可以稍短些，泡久了，可稍长些。同时，也可以根据各人口感而定，常喝浓茶重口感的，可多泡一会，否则可缩短冲泡时间。另外，可根据水温和冲泡次数而定，水温高，则缩短冲泡时间，尤其是头几泡，一般快冲快泡，随着冲泡次数的增加可延长冲泡的时间，以泡出普洱最佳滋味。

任务 八 茉莉花茶冲泡法(花茶)

将公道杯中的茶汤分入各个品茗杯中。

优质的茉莉花茶冲泡后,香气鲜灵持久,汤色黄绿明亮,叶底嫩匀柔软,滋味醇厚鲜爽。

步骤一　备具(白色盖碗或透明玻璃杯最佳)

品饮茉莉花茶,一般选用白色的盖碗。如品饮高档名优茉莉花茶,可用透明的玻璃杯冲泡,通过玻璃杯可欣赏茉莉花茶精美别致的姿态。

步骤二　取水(软水最佳)

茉莉花茶最好用纯水或山泉水(软水为佳)冲泡。如果没有这些水,凡符合国家饮用水标准的水也可用来泡茶。

步骤三　取茶量与水温控制(80~90 ℃)

冲泡茉莉花茶时,取茶量通常为2~3克。一般茉莉花茶在冲泡时,水温控制在80~90 ℃为宜;一些特殊的特级茉莉花茶可用100 ℃的水冲泡,通常茶水比为1∶50。

步骤四　洁具

将少量沸水注入盖碗中,双手持碗,轻轻转动,使上下温度一致,最后将温盖碗的水倒入茶盂。这一过程除了清洁、消毒茶杯外,还可以起到温杯的作用,有利于散发茉莉花茶的茶香。

步骤五　投茶

将适量茉莉花茶轻轻拨入盖碗中。

步骤六　冲水

冲泡茉莉花茶时,头泡低注,冲泡时壶口紧靠茶杯,直接注水于茶叶上,使香味缓缓浸出;二泡中斟,壶口稍离杯口注入沸水,使茶水交融;三泡高冲,壶口离茶杯口稍远冲入沸水,使茶叶翻滚,花香飘溢,冲水后立即加盖,以保茶香。

冲泡时间最好控制在3~5分钟,这样冲泡出来的茶香、茶水浓度都是最合适的。

步骤七　闻香

茉莉花茶经冲泡静置片刻后,即可揭开杯盖一侧,顿觉芬芳扑鼻。

步骤八　品饮

闻香后,待茶汤稍凉适口时,小口喝入,并让茶汤在口中稍事停留,以口吸气、鼻呼气相配合的动作,使茶汤在舌面上往返流动1~2次,充分与味蕾接触,品尝过茶的香气后再咽下,这叫"口品"。这样品饮才能尝到茉莉花茶的真香实味,感受茉莉花茶的醇厚、鲜爽、回甘,所以民间对饮茉莉花茶有"一口为喝,三口为品"之说。

步骤九　欣赏

特种工艺造型的茉莉花茶和高级茉莉花茶用玻璃杯冲泡,在品其香气和滋味的同时可欣赏茶叶在杯中优美的舞姿,或上下沉浮、翩翩起舞,或如春笋出土、银枪林立,或如菊花绽放,令人心旷神怡。

下篇 茶艺

岗位技能三

品 茶

品鉴茗茶最关键的一环便是开汤品赏,也就是将茶叶先行冲泡,然后再进行品评。茶叶品赏的一般程序为:鉴别汤色→闻嗅茶香→品茗茶汤→细看叶底。

任务 一 ┃ 鉴别汤色

汤色又称水色、汤门或水碗,易受光线强弱、茶碗规格、品茗杯容量、排列位置、沉淀物多少、冲泡时间长短等因素的影响。鉴别汤色主要是审评茶汤的色泽、亮度。

(一) 茶汤色泽的组成

茶汤色泽主要由儿茶素、黄酮类物质及氧化聚合物浸出形成。其中,儿茶素约占多酚类物质的70%,本身是白色固体,在空气中氧化成黄棕色,儿茶素含量高的茶汤,颜色为浅色系;黄酮类占多酚类物质的5%以上,黄酮类又称为花黄素,在自然情况下为浅黄色,水溶液为绿黄色,对绿茶汤色的形成作用较大;氧化聚合物即黄色的茶黄素、红色的茶红素及褐色的茶褐素,是由儿茶素氧化聚合而成的,会使汤色显示黄、橙、棕等色泽。

茶汤中儿茶素、黄酮类及氧化聚合物的含量主要受茶叶嫩度、制作工艺、水温和冲泡时间的影响。

1. 茶叶嫩度

茶叶的鲜嫩度决定了茶叶中多酚类物质含量的高低,一般呈嫩叶高、老叶低的变化趋势。鲜叶中多酚类物质含量的高低,又因气温、光照强度、光照时间的不同而变化。一般气温高、光照强度较强或光照时间较长,鲜叶中多酚物质含量会增加,反之,则会降低。

2. 制作工艺

在茶叶的制作过程中,温度高的工序会加速儿茶素的氧化聚合,使儿茶素含量降低,而茶黄素、茶红素和茶褐素含量升高。在制作过程中,长时间的高温和湿热作用,使原本呈白色的儿茶素氧化聚合成有色物质,颜色也由浅变深(白色→浅黄色→黄色→棕黄色)。

3. 水温和冲泡时间

即便是同一类茶,茶汤颜色也会因水温和冲泡时间的不同而有所不同,或亮或暗,这是由茶叶与水的融合和氧化作用引起的。

除了这几个因素外,其他成分也会使茶汤色泽呈现变化,如茶叶中脂溶性色素(叶绿素类、胡萝卜素类、叶黄素类等)对茶汤色泽有一定影响。

(二) 六大茶类汤色特点

1. 绿茶

绿茶

绿茶的特点是"绿叶绿汤"。绿茶色泽翠绿,芳香馥郁,绿茶的汤色由叶绿素、花黄素决定,绿中带黄,清澈透明。

新绿茶刚冲泡时,色泽淡绿,随着冲泡时间的延长会略带嫩黄色,水色透明、清澈、无浑浊、明亮、无泡沫。

2. 白茶

白茶的特点是"汤色杏黄"。白茶与绿茶的汤色相近,主要呈黄绿色。新白茶茶汤颜色比绿茶要淡一些,陈年的老白茶经过陈化,汤色会逐渐加深,呈现橙黄色。根据采摘时间和采摘标准的不同,白茶分为白毫银针、白牡丹、贡眉、寿眉等,因为采摘时间不同,白茶中含有的物质成分也有所不同,这些物质中就包含会影响茶叶汤色的元素,如茶黄素、茶多酚、黄酮类物质等。

3. 黄茶

黄茶的特点是"黄叶黄汤",主要呈色物质为花黄素和茶黄素,其汤色为亮黄色。因为黄茶在制作过程中有一道闷黄的工序,在此过程中叶绿素被大量破坏和分解,部分多酚类物质被氧化为茶黄素,再加上叶黄素显露,是造成黄茶茶汤呈黄色的主要原因。

下篇 茶艺

4. 乌龙茶

乌龙茶又称青茶,特点是"汤色金黄",主要呈色物质为茶黄素,并伴有适量的茶红素及黄酮类物质等,茶汤颜色橙黄明亮。乌龙茶是一款非常能体现生产工艺的茶叶,其茶汤颜色跨度较大,如同属乌龙茶的铁观音和大红袍,因发酵程度不同,其呈色物质的比例不相同,而使茶汤颜色不同,发酵度低的铁观音颜色偏绿一些,发酵度高的大红袍颜色偏红一些。

5. 红茶

红茶的特点是"红叶红汤",主要呈色物质为茶黄素、茶红素和茶褐素,汤色鲜红明亮。红茶冲泡时有一种现象叫"金圈",要想出现"金圈",汤色不能过浅,且须明亮。红茶汤色的主要影响物质是茶黄素,它的含量也直接决定了茶汤的鲜爽度。茶黄素和茶红素的比例是判断红茶品质的关键:比例过高,茶汤刺激性强,亮度好,但茶汤不够红浓;比例过低,则不够鲜爽,汤色也不明亮。

6. 黑茶

黑茶的特点是"叶色油黑或褐绿色,汤色橙黄或棕红色"。黑茶主要呈色物质为茶红素和茶褐素,茶汤红浓醇厚。黑茶的色泽和亮度主要取决于茶红素和茶褐素的协调比例,若比例合适,则茶汤的美观度高。

黑茶中的佼佼者是普洱茶和六堡茶。普洱茶产于云南省南部,10年以上普洱生茶汤色由金黄色转为橙红或深红为主,八成熟的普洱熟茶汤色呈红褐色,汤色红浓,且红中透紫黑,匀而亮,有鲜活感。六堡茶产于广西苍梧县,主要销往我国港澳地区和东南亚一带,六堡茶汤色红亮,呈琥珀色,滋味醇厚。

(三) 汤色鉴别

1. 快速看汤色

开汤之后,要速看汤色,否则茶汤变冷或在空气中久置,其内含物质接触氧气后会使茶汤变色或出现浑浊现象。例如,绿茶茶汤放凉之后,可能会变黄,新茶也会呈现如同陈茶的汤色,从而影响判断。

2. 汤色应纯粹

绿茶汤色应以绿为主,或黄绿,或浅绿;红茶汤色以红为主,或橙红,或红亮;乌龙茶汤色应以金黄为主,或橙黄,或黄亮。不管是绿色还是黄色,首先要求汤色纯粹,不能夹杂其他颜色,如果绿茶汤色泛红,或红茶汤色泛青,则往往是品质不佳的表现。

3. 茶汤应透亮

看完茶汤的颜色后,再看茶汤的亮度。一杯好茶的茶汤透过阳光,以晶莹透亮为佳;茶汤浑浊,颗粒型物质不规则运动者为劣。

茶汤稍显浑浊,只有两种情况下是正常的:一是毫浑,芽毫较多的茶(如绿茶),会出现毫浑的情况,这是原料过嫩的表现;二是茶汤的"冷后浑",常见于高档红茶。

4. 多角度品鉴

品评茶汤的颜色、亮度时,应交换茶碗的位置,以免因光线强弱的不同而影响对茶汤汤色、亮度的辨别。对于一些颜色较深的茶汤,在不透明的茶碗中,往往无法看清它是否透亮,这时可以换一个透明的容器,透过光线更直观地辨别茶汤的透亮程度。

 知识小贴士

品茶术语之汤色

绿艳:清澈鲜艳,浅绿鲜亮。

黄绿:绿中微黄,似半成熟的橙子色泽,故又称橙绿。

绿黄:绿中多黄的汤色。

浅黄:汤色黄而浅,亦称淡黄色。

橙黄:汤色黄中微带红,似橙色或橘黄色。

橙色:汤色红中带黄,似橘红色。

深黄:暗黄,汤黄而深,无光泽。

红汤:常见于陈茶或烘焙过头的茶,其汤色为浅红色或暗红色。

清黄:茶汤黄而清澈。

金黄:茶汤清澈,以黄为主,带有橙色。

红艳:似琥珀色而镶金边的汤色,是高级红茶之汤色。

红亮、红明:汤色不太浓,但红而透明有光彩,称为"红亮";透明而略少光彩,称为"红明"。

深红、深浓:汤色红而深,缺乏鲜明光彩。

红淡:汤色红而浅淡。

深暗:汤色深而暗,略呈黑色,又称红暗。

红浊:不论汤色深或浅,内中沉淀物多,浑浊不见底。

冷后浑、乳凝:红茶汤浓冷却后出现浅褐色或橙色乳状的浑汤现象,称为冷后浑或乳凝,品质好的红茶容易出现这种现象。

姜黄:红碎茶茶汤加牛奶后,汤色呈姜黄明亮色,是汤质浓、品质好的标志。

浓亮:茶汤浓而透明,有光彩。

下篇 茶艺

知识小贴士

鲜明:新鲜明亮,略有光泽。

明亮、清澈:茶汤清净透明称为"明亮";明亮而有光泽,一眼见底,无沉淀或悬浮物,称为"清澈"。

明净:汤中物质欠丰富,但尚清明。

浑浊:茶汤中有大量悬浮物,透明度差,难见碗底。

任务  闻嗅茶香

明人张源在《茶录》论"香"时指出:"茶有真香,有兰香,有清香,有纯香。表里如一曰纯香,不生不熟曰清香,火候均停曰兰香,雨前神具曰真香。更有含香、漏香、浮香、问香,此皆不正之气。"

(一) 茶香

1. 茶香物质

茶的香味源于三个因素:茶本香、地域香和工艺香。因地域具有不可复制性,故只能从客观因素——茶本香和工艺香来探讨。

已被鉴定分离的茶香物质已达700余种,其中,鲜叶含近100种,绿茶含260余种,红茶含400余种,乌龙茶中香气物质有500多种。

2. 茶香类型

◆ 熏香和烟香

茶中的熏香和烟香,主要是指除了茶叶本身的香气物质外,人们运用茶叶易吸味的特性,通过窨制、混合、烟熏、调制等方式,通过外部香气的作用,来丰富茶之本香,使其具有某种独特的香。好的熏香和烟香不仅不会完全掩盖原有的茶香,还能使原有的茶香更馥郁、更醇和、更富层次感,如栀子花茶、茉莉花茶、玉兰花茶、糯米香茶、有烟正山小种、有烟安化黑茶等。

◆ 清香和糖香

茶中的清香和糖香,主要是指运用摊凉、揉捻、发酵、烘焙等手法,使茶叶内部发

生化学或物理变化,在不同温度、湿度、时长的作用下,使茶之色、香、味、形和谐共生,茶香或清爽淡然,或蜜香怡人,或清香沁心。

越是工艺简洁,茶之原香越明显。白茶不炒不揉,是保存茶叶原香最多的茶类,其香气清纯鲜爽,清香沁心。有些茶香持久耐闻,愉悦温暖,易于描述和记忆,如烘焙过重的红茶常显焦糖香,高品级的红茶常显糖香,嫩芽头制作的红茶冲泡后则常显蜜香。

◆ 花香和果香

茶中的花香和果香,主要是指茶叶除了在不同制作工艺作用下会改变香气,还会因为茶树品种,茶树生长环境、气候、土壤的不同而产生独有特色的香气,是一种较为高端的香气类型。

绿茶中如舒城小兰花、涌溪火青等有幽雅的兰花香;乌龙茶中铁观音、武夷岩茶、凤凰单丛、冻顶乌龙等有明显的花香;红茶中祁门红茶有令人愉悦的独特花果香,亦称"祁门香"。

斯里兰卡乌伐的季节红茶常带苹果香,云南肥硕挺秀的滇红常带有熟地瓜香,福建深山峻岭中的小种红茶常带有干桂圆香,河南高端的信阳毛尖、黄山的顶级毛峰常带有熟板栗香,杭州的龙井经特殊工艺常带有怡人的豆香,云南的普洱茶常带有苦杏仁、松仁香气,广西的六堡茶常带有迷人的槟榔香,闽北的乌龙茶因产地与品种不同也常有类似各种水果的香气,如毛桃香、蜜桃香、雪梨香、李子香、香橼香等。

◆ 参香和木香

参香和木香,主要出现在可以陈化的茶类中,高品质的茶叶经合理储存,经年累月,发生水解氧化、益菌生长等,逐渐散发如参如木的香气。

经过长时期存放,转化程度较高的普洱生茶或高品质的普洱熟茶,常会带有复杂的混合香气,既有木香,又含参香等。

 知识小贴士

品香术语

鲜浓:香气浓而鲜爽持久。

鲜嫩:香气高洁细腻,新鲜悦鼻。

浓烈:香气丰满而持久,具有强烈的刺激性。

清高:清香高爽,久留鼻尖。

清香:香气清纯柔和,香虽不高,但缓缓散发,令人有愉悦感。

幽香:幽雅而有文气,缓慢而持久。

岩韵、音韵:指在香味方面具有特殊的香味特征。岩韵适用于武夷岩茶,音韵适用于铁观音茶。

下篇 茶艺

浓郁、馥郁：带有浓郁持久的特殊花香，称为"浓郁"；比浓郁香气更雅的，称为"馥郁"。

鲜爽：香气新鲜、活泼，使人嗅后有爽快之感。

高甜：表示香气入鼻，充沛而有活力，并且伴有如糖的甜美。

鲜甜：鲜爽带有甜香。

甜纯：香气不太高，但有甜感。

高香：香高而持久，高山茶或秋冬干燥季节的茶常有持久、细腻的香气，称高香。

强烈：香感强烈，浓郁持久，且有充沛的活力，高档红碎茶具有这种香气。

浓、鲜浓：香气饱满，但无鲜爽特点称为"浓"；香气鲜爽且浓，称为"鲜浓"。

花果香：带有类似各种新鲜花果的香气。

纯正：香气纯净且不高不低，无异杂气味，也为"纯和"。

平正、平淡：香气稀薄，但无粗老气或杂气，也为"平和"。

（二）闻香与品香

一般鲜叶经蒸汽杀青后，有青草香；高温炒青后，带板栗香；微发酵后，出清香；继续发酵，溢出花果香；发酵度持续，呈甜香、醇香；到了黑茶，就是陈醇香。

感受茶香主要有两条途径：一是鼻腔感受。茶香随着热气进入鼻子，再通过神经传递给大脑，香气的感受和记忆就形成了。二是口腔感受。喝茶的时候，茶汤咽下去，口腔中飘散的部分气味传到鼻腔，常常让人感到"口齿留香"。

1. 闻香

◆ 闻香六处

（1）干茶香

干茶叶可以直接闻香，也可以先呵一口热气，待茶叶湿热之后再闻干茶的香气。

（2）温壶香

温杯洁具之后，将茶叶置入温热的茶壶或盖碗中，轻轻摇晃一下，利用壶（碗）的温度激发茶香。

（3）壶盖香

由于茶汤中的芳香物质极易挥发，会随着水蒸气聚集并附着到茶壶（碗）盖上形成香气，因此品茶时一般先闻盖香，可以辅助判断茶叶品质。盖香会随盖子温度的降低而发生变化，并逐渐消失。这个过程很快，因此闻盖香要迅速。

在闻盖香时，将盖子置于鼻下约 2 厘米处，保证香气物质能最大限度地被吸入，

闻盖香

按照吸气 3 次呼气 1 次的方法和频率,仔细对比不同温度下香气的变化情况。

一般好茶经过多泡之后盖香依然持续不减,如果一、二泡后盖香衰减迅速,就可以断定此茶品质不佳。

(4) 茶汤香

最佳方法是使用闻香杯闻茶汤香,闻完香后再倒入品茗杯中品尝,或可用闻香杯闻杯底香,也称挂杯香。通常喝完茶之后,茶香会像薄膜一样附着在杯壁上,茶的挂杯香一般是熟果香、蜜香、焦糖香等带甜味的香,挂杯香越明显,则表明茶叶品质越好。需要注意的是,挂杯香与茶杯材质有关,瓷质的杯子比陶制的挂杯香明显,且胎质越薄越致密,杯型越深越收口,香气挂壁越明显。

使用闻香杯有两个好处:一是保温效果好,可以让茶的热量多留存一段时间;二是茶香散发慢,可以让饮者尽情品味。

(5) 叶底香

茶叶冲泡完成之后,可将茶渣倒出闻嗅,虽然这时香气已经比较淡了,但还是可以辨别茶香的类型和浓淡,并作为判断茶叶品质的辅助依据。

(6) 壶内香

茶渣倒出后,壶内壁会存有茶香,挂壁香越明显,说明茶叶品质越好。

◆ 闻嗅步骤

闻嗅茶香分为三个步骤:热嗅、温嗅和冷嗅。茶的香气有品种香、地域香和制造香。先嗅品种香是否突出,再区别香气高低、长短、强弱、纯浊。凡香气清高,馥郁幽长者,皆为上品。

步骤一 热嗅

热嗅是指滤出茶汤或者快速看完汤色即趁热闻嗅香气。此时最易辨别有无异气,如陈气、霉气及其他的异杂气味。热嗅时主要辨别香气纯正度和有无该茶类应有的香气。热嗅时应轻轻地嗅,但速度要快,一嗅即过,抓住一刹那的感觉,不能长时间闻嗅,以免高温造成嗅觉失灵而影响判断。

步骤二 温嗅

温嗅是指经过热嗅后,看完汤色再来闻嗅香气,此时品茶杯温度下降,手感略热。嗅香气时不烫不凉,应细细地嗅,注意体会香气的浓淡高低。

步骤三 冷嗅

冷嗅是指经过温嗅及品尝完茶汤滋味后再来闻嗅香气,此时品茗杯温度已降至室温,手感已凉,闻嗅时应深深地嗅,仔细辨别是否还有余香。如果此时存有余香,表明茶叶香气持久度好。

◆ **闻香的注意事项**

(1)闻香的姿势和时间

闻香的标准姿势是出汤后,一手拿盖碗或茶壶,另一手将盖子打开一半,半掩着壶盖,将鼻子凑近品闻。需要注意的是,闻香时不能一下靠得太近,以免烫伤,可以由远及近地慢慢感受。热嗅的最佳温度是 55 ℃。等温度降下来之后,可以进行温嗅和冷嗅,期间可以打开壶盖,避免闷到茶叶。为正确判断香气的高低和类型,嗅闻时应重复一两次,但每次闻嗅的时间不宜过长,以免降低嗅觉敏感度。

每次闻香的时长最好控制在 2~3 秒,一般不宜超过 5 秒或少于 1 秒。闻香的时间太短,则对香气感受不充分,时间太长,又会产生嗅觉疲劳。

(2)水温的控制

绿茶要泡出茶香,水温的控制非常关键。泡绿茶水温要低一些,85~90 ℃就可以。例如,碧螺春茶非常柔软,且全部是芽头,要求干扰度低,所以一般采用"上投法",即先把水加进去,再投放干茶。又如西湖龙井,通常是一芽一叶,香气相对成熟些,常用"下投法"。而像武夷岩茶、凤凰单丛及发酵重一些的铁观音,水温最好控制在 95 ℃以上。

(3)茶器的选择

要泡出茶香,对茶器也有一定的要求:第一,要用束口杯,这样香气不易散发,杯底香气浓郁;第二,材质的反射面要大,这样香味才能被反射出来。如果是粗陶,香气容易被杯体吸收,茶喝起来就不香。

2. 品香

品香是指品味吞咽茶汤后留在口中的余香和喝完茶汤之后口中吐出来的香气。好茶香气持久,如余音绕梁。有些茶,用闻香杯或汤匙或许闻不出香气,可是入口时,就会有香气散发出来,喝完茶后口中也会存有香气,呼吸之间,仍有香气在口鼻间徘徊。

口中对香气最敏感的区域是上颚与鼻腔的交接处,所以,茶叶评鉴比赛时,评审都会将少量茶汤饮入口中,稍低头,从嘴唇的左边和右边吸入空气。当茶汤混着空气在口鼻交界处翻搅时,容易感受到茶汤的香气。

(三) 六大茶类茶香

1. 绿茶香型

毫香型：有白毫的茶鲜叶,嫩度在一芽一叶以上,经正常制茶过程,干茶白毫显露,这种茶叶所散发出的香气叫毫香。如各种银针茶就具有典型的毫香,部分毛尖、毛峰茶有嫩香带毫香的香气特征。

嫩香型：鲜叶新鲜柔软,一芽二叶初展,制茶及时合理的多有嫩香。具嫩香的茶有各种毛尖、毛峰茶等。

花香型：相对而言,具有花香型的绿茶并不是很多,如桐城小兰花、舒城小兰花、涌溪火青、高档舒绿等都有幽雅的兰花香。

清香型：鲜叶嫩度为一芽二三叶,制茶及时正常的多有清香。

2. 白茶香型

毫香型：有白毫的茶鲜叶,嫩度在一芽一叶、一芽两叶以上,经正常制茶过程,干茶白毫显露,这种茶叶所散发出的特有香气叫毫香。

清香型：清香是白茶的一种香型,包括清香、清高、清纯、清正、清鲜等。

花香型：茶叶散发出类似鲜花的香气,这种茶香在白茶中不易察觉,表现清幽。花香在甜香、清香的掩盖之下,很难闻出,但是在白茶香型中确实存在。

甜香型：甜香型本为工夫红茶的典型香型,但在白茶中,甜香也非常明显,好的白茶冲泡出来后,香气和滋味都很甜爽。

3. 黄茶香型

嫩香型：清爽细腻,有毫香。鲜叶新鲜柔软,一芽二叶初展,制茶及时的会带有嫩香。

清香型：清香鲜爽,细而持久、纯和。一般见于鲜叶嫩度在一芽二三叶的黄茶,好的黄茶一芽二叶,清香最明显。

花香型：茶叶散发出各种类似鲜花的香气。

甜香型：包括清甜香、甜花香、干果香、甜枣香、蜜糖香等。

焦香型：焦香强烈持久。闻干茶很难闻出焦香,因此需经冲泡品饮茶汤来感受。

松烟香型：松木烟香除了黄茶自带之外,还和制作工艺密切相关,尤其是杀青和闷黄、干燥环节,最容易产生松烟香。

4. 乌龙茶香型

清香型：香气高强,浓馥持久,花香鲜爽,纯正回甘,茶汤呈黄绿色,清澈明亮;口、舌、齿、龈均有清悦的感受。

浓香型：茶叶条形肥壮紧结,色泽乌润,香气纯正,带甜花香或蜜香、粟香,汤色呈深金黄色或橙黄色,滋味醇厚、音韵显现,叶底带有余香,可经多次冲泡。

韵香型：茶叶发酵充足，传统正味，具有"浓、韵、润、特"之口味，香味高，回甘好，韵味足。

5. 红茶香型

毫香型：凡有白毫鲜叶，嫩度为单芽或一芽一叶、制作正常、金毫显露的干茶，冲泡时有典型的毫香。

清香型：香气清纯、柔和、持久，香虽不高，但缓缓散发，令人有愉悦感，是嫩采现制的红茶冲泡时所具有的香气。

嫩香型：香气高洁细腻，清鲜悦鼻，有似玉米的香气，鲜叶原料细嫩、柔软。

火香型：包括米糕香、高火香、老火香和锅巴香。鲜叶原料较老，含梗较多，制造过程中干燥环节火工高足，是茶叶焦糖化的主要因素。

花香型：具有各种类似天然鲜花的香气。一些特殊的茶树品种经过萎凋工艺后，会带有这类香气。

果香型：散发出类似各种水果的香气。

甜香型：包括清甜香、甜花香、枣香、蜜糖香等。

松烟香：凡在干燥工序中用松、柏或枫球、黄藤等熏制的茶，如小种红茶，都带有松烟香。

6. 黑茶香型

荷香型：采摘云南大叶种茶叶幼嫩的芽茶，经适当陈化后发酵，除掉浓烈的青叶香，自然留下淡淡的荷香。

枣香型：只有生长在植被茂盛、云雾缭绕且有野生枣树生长的环境中的茶树，才能产生这种香气。由于生长之处常有落叶，久而久之便形成了天然肥料，茶树根系吸收了这些肥料，茶叶又吸收了林间雾气，形成特殊的枣香气。

樟香型：云南各地有高大的樟树林，这些樟树多数高一二十丈，在大樟树底下，最适合种植普洱茶，大樟树既可以为茶树遮阴，又可以减少茶树的病虫害。最可贵的是，普洱茶树的根与樟树的根在地下交错生长，使茶叶有了樟树香气。

蜜香型：存放 2~5 年的黑茶都会呈现一定的蜜香，即经过一段时间发酵的黑茶饼，会出现蜜香。

陈香型：陈香包括熟茶的陈香和生茶的陈香。存放 3~5 年的生茶有较轻的陈香，存放 5~10 年的生茶有中等的陈香，随着时间的延长，陈香味越来越重。对于熟茶，应依据原料等级、发酵程度和年份来综合衡量。

药香型：年份非常老的茶会出现一定的药香，这种味道与中药药汤接近。一般而言，干仓内的老熟茶比较容易有药香。

原野香或野香型：野生茶具备的浓郁香气，用原野香来描述是恰当的。

木香型：如经 20 年陈化的熟茶中有明显的木香。此外，某些新发酵却不成功的熟茶也有可能有这种味道。

任务 三 品茗茶汤

喝茶是一种满足生理和心理需求的活动。茶可以在任何环境中饮用,而品茶则注重韵味,使品饮活动脱离解渴的实用意义而上升为精神活动,将品茗审美化、精神化、艺术化,追求一种高雅脱俗、悠然自得的境界,从而获得精神享受。

(一) 品茗环境的营造

品茗是一种精神上的享受,所以品茗茶汤不仅要求环境美,而且非常重视营造内在精神的气氛美,使品茶者进入艺术的氛围和崇高的境界,从而最大限度地获得精神愉悦,体味高雅的品茗情趣。

品茗的环境包括自然环境和人文环境。

1. 品茗的自然环境

自然环境

中国茶人品茗讲究野幽清寂,渴望回归自然。在这种环境中品茶,人与自然最易展开精神上的沟通,内心世界最易与外部环境交融,使尘心洗净,达到精神上的升华。

古代的茶人对自然环境进行了各个方面的分析,从时间、风景到气候,自然界的一切都是自然环境的组成部分。

2. 品茗的人文环境

人文品茗环境是人造的品茗环境,由建筑物、园林、摆设、茶具等组成。古刹道观、亭台楼阁、幽居雅室、茶坊、茶馆等都是理想的品茗环境。

即使是人造的环境中也要尽量少一些烟火气,力求体现中国传统文化中"清雅幽寂"的艺术境界。许次纾在《茶疏》中提到,茶艺不宜靠近两个地方,那就是"阴室"和"厨房",而茶艺的良友是"纸帐褚衾、竹床石枕、名花琪树"。

下篇 茶艺

人文环境

(二) 品茗步骤

1. 端茶的手势

品饮时,用右手或左手食指、拇指按住杯边沿,中指顶住杯底,戏称"三龙护鼎"。

2. 三口为"品"

"品"字三个口,一杯茶需分三口品尝,且品茶之前目光需注视泡茶师一至两秒,稍带微笑,以示感谢。第一口品茶汤,第二口闻茶香,第三口才慢慢啜饮。

俗语有言:"一口为喝,二口为饮,三口才为品。""一口初品辨真伪,二口细品好味道,三口回味思无穷。"第一口,细啜一口,以品茶的纯正;第二口,稍稍多啜一些,以品茶的浓淡、厚薄;第三口,尽情品味茶的底蕴。如果结合人体味蕾的分布,那么,第一口用舌尖来感受茶汤的甜味,第二口用舌身来品尝茶汤的涩味,第三口则用舌根来感受茶汤的苦与回甘。

茶汤进入身体以后,才开始其真正的旅程,茶气到达四肢,浸入五脏,让身体产生愉悦的感受。

(三) 茶汤的基本四味

1. 茶汤中的涩味

涩味是茶汤最主体的味道,茶多酚是茶汤涩味的主要呈味物质。茶人经常会说:"不苦不涩不是茶。"人们评价茶汤滋味常说的词语有"浓""醇""强""和",主要都是指涩的强度与类型。

2. 茶汤中的苦味

咖啡碱是茶汤苦味的主要呈味物质,由于其遇热易挥发,因此在茶叶多次冲泡的过程中,含量呈明显下降趋势。如果干茶中多酚类和咖啡碱的含量都很高,则茶汤并不会又苦又涩，相反茶汤浓醇、鲜爽并带收敛，这是优质茶的标志。

茶汤中花青素也是产生苦味的重要成分，当 150 毫升茶汤含有 15 毫克花青素时，就有明显的苦味。夏茶受强光照射，花青素含量高，这是夏茶多苦涩的原因之一。

3. 茶汤中的鲜味

氨基酸是茶叶鲜爽味的主要呈味物质。茶叶中的氨基酸种类丰富，各种氨基酸显味的性质均不相同。如约占茶叶氨基酸总量 50% 的茶氨酸，它的鲜爽味特别高，能缓解茶的苦涩味，增强甜味。嫩茶茶氨酸含量高，故滋味鲜爽；春茶、名优茶、高山茶的氨基酸含量高，故滋味清鲜爽口；夏茶、粗老茶的氨基酸含量低，故鲜爽味差些。

4. 茶汤中的甜味

甜味是人类本能喜欢的一种味感，它能给人们带来愉悦，所以人们对茶中的"甘甜"有好感。"甘醇""甘""回甘"这类词语常用来描述高档茶叶的品质。

茶汤中呈现甜味的糖类主要是茶叶中含有的单糖和双糖等可溶性糖，它们对茶的苦、涩味有一定的掩盖和调和作用，这部分物质含量越高，茶叶滋味越甘醇而不苦涩。

涩、苦、鲜、甜，这是茶汤四种主要的滋味，这四种滋味不同强度的组合，形成茶变化万千、各具特色的滋味风格。

(四) 味蕾感受

舌头上有很多味蕾，能品尝出"甜"味的味蕾位于舌尖；"咸"味味蕾位于舌头前部的一侧；"酸"味味蕾在"咸"味味蕾的后面；"苦"味味蕾在舌头的后半部分。

品茗茶汤时舌头的感知非常重要。审评茶叶的专业人士用吮吸的方式喝茶，让茶汤在口腔中转一圈，与口腔充分接触，循回吞吐，用舌尖打转二三次即吐出，不宜过久，其间还会有声音发出，看似不雅观，却是品出茶中滋味最好的办法。好的茶汤味先苦而后甜，次为苦后不甜，先苦后也苦为最差。

 知识小贴士

品茶术语之滋味

滋味评定因素有纯异、浓淡、厚弱、甘苦及鲜爽感等。

浓烈型：茶汤滋味浓烈，干茶由嫩度较好的一芽二叶或三叶制成，芽肥壮，叶肥厚，内含物质丰富。品尝时，开始有些许苦涩味，但稍后为浓而不苦，收敛性强，清香爽口，回甘悠长。代表茶有西湖龙井、日照绿茶等。

浓强型：专指红碎茶滋味浓爽收敛程度。"浓"表明茶汤浸出物丰富，当茶汤入口，感觉味浓黏滞；"强"是指刺激性大。代表红碎茶有广东、广西、海南、云南等地的大叶茶制成的红碎茶，以及江苏、浙江一带的小叶种红碎茶。

下篇 茶艺

　　浓醇型：茶汤纯正爽口,有一定浓度。多见于发酵适度、制作良好的高档条形红茶或发酵程度较重的红碎茶。其鲜叶嫩度好,茶汤入口浓醇,刺激性、收敛性强,回味甘爽。

　　浓厚型：茶汤中可溶性物质丰富,质地厚实、味浓而口感适中,多见于中高档红茶、绿茶。其鲜叶嫩度较好,叶片厚实。

　　醇厚型：茶汤醇正浓厚,鲜叶质地好、较嫩。制工正常的绿茶、红茶和乌龙茶均有这种滋味。

　　陈醇型：茶汤胶质含量丰富、浓厚,常见于有渥堆工艺的黑茶。制作时采用较嫩鲜叶,有发水闷堆的陈醇化过程。代表茶有六堡茶、普洱熟茶等。

　　鲜醇型：茶汤鲜爽甘醇,常见于名优绿茶、白茶、红茶。其鲜叶较嫩、新鲜,味鲜而醇,回味鲜爽。

　　鲜浓型：茶汤滋味新鲜浓爽,多见于高档绿茶和红碎茶。其鲜叶嫩度高、叶厚、芽壮、新鲜,浸出物含量高,味鲜而浓,回味甘爽。

　　清鲜型：茶汤滋味清新鲜美,多见于高档绿茶和部分工夫红茶。其鲜叶为一芽一叶,加工及时、合理,有清香味和鲜爽感。

　　甜醇型：茶汤滋味醇和带甜,多见于小叶种的高档条形红茶及蒸青绿茶、名优白茶等。其鲜叶嫩而新鲜,制作讲究,味感甜醇。

　　鲜淡型：茶汤滋味新鲜却清淡,多见于黄茶。其鲜叶嫩而新鲜,鲜叶中多酚类、儿茶素和水浸出物含量少,氨基酸含量稍高,茶汤入口新鲜舒服、味较淡。

　　醇爽型：茶汤滋味醇厚爽口,多见于新鲜、滋味厚实适口的春茶。其鲜叶嫩度好、滋味不浓不淡、不苦不涩,回味爽口。

　　平和型：茶汤香气、滋味不浓,但无粗杂气味,多见于偏低档的茶。其鲜叶较老,整个芽叶约一半以上已经老化。

(五) 六大茶类茶汤滋味

1. 绿茶

　　绿茶总的口感是所有茶叶中相对比较清淡的。绿茶有一股清香,入口为涩,回味为甘。初入口时有苦涩感(收敛性),过喉则爽快流通,无任何不良味觉,过喉后口中还留有余香。绿茶需要一定的收敛性和刺激性,但是要适当。

2. 白茶

　　白茶的主要品种有白毫银针、白牡丹、寿眉、贡眉等。其中,白毫银针口感清新、香气鲜爽、茶汤柔和,有明显的毫香和青草香。白牡丹口感总体以花香为主、毫香为辅,因为等级不同、所含叶片大小不同,所以不同等级的白牡丹的香气、口感都大不相同。寿眉中春寿眉的口感更清新、甜润,秋寿眉的口感更沉稳、醇厚。

3. 黄茶

闷黄是黄茶的独特工序,使得黄茶茶汤甘醇鲜爽,口有回甘,收敛性弱。

4. 乌龙茶

乌龙茶滋味浓醇鲜爽,入口甘甜,既有红茶的浓醇味,又有绿茶的清香。

安溪铁观音入口有天然馥郁的兰花香,滋味醇厚甘鲜,回甘悠久,俗称有"观音韵"。细啜一口,舌根轻转,可感茶汤醇厚甘鲜;缓慢下咽,回甘带蜜,韵味无穷。

武夷岩茶茶汤有浓郁的鲜花香,饮时甘馨可口,回味无穷,口腔回甘,生津强烈。武夷岩茶的"岩韵"可形容武夷岩茶质量的好坏,好的岩茶,"岩韵"明显,香气幽远,馥郁芳香,耐人寻味。

5. 红茶

红茶口感清香醇和,香气清高爽口,饮后喉间有久久不去的回味感。红茶种类繁多,不同地区的红茶口感也有所区别。祁红工夫茶内质香气浓郁高长,似蜜糖香,又蕴藏有兰花香,汤色红艳,滋味醇厚,回味隽永;滇红工夫茶内质汤色艳亮,香气鲜郁高长,滋味浓厚鲜爽,有刺激性;政和工夫红茶按品种分为大茶、小茶两种,大茶系采用政和大白茶制成,是闽红三大工夫茶中的上品,外形条索紧结、肥壮多毫,色泽乌润,内质汤色红浓,香气高而鲜甜,滋味浓厚;小茶香似祁红,但欠持久,汤稍浅,味醇和;川红工夫茶外形条索肥壮圆紧、显金毫,色泽乌黑油润,内质香气清鲜带焦糖香,滋味醇厚鲜爽,汤色浓亮。

6. 黑茶

黑茶经过渥堆发酵,经一段时间的储存后最明显的变化是可溶性糖的含量增加,酸度下降,pH值呈上升趋势, 这就是陈化后的黑茶滋味更甘甜的原因。经过长期陈化,黑茶苦和涩的味道因氧化而减弱,甚至完全消失,而糖分仍然留在茶叶中,经冲泡后,慢慢释放出甜的味道。上好的黑茶,越冲泡到后面,甜味越明显。

优质的普洱茶滋味浓醇、滑口、润喉、回甘,舌根生津;质次的则滋味平淡,不滑口,不回甘,舌根两侧感觉不适,甚至产生"涩麻"感。

黑茶

下篇 茶艺

155

任务 四 细看叶底

　　浸泡后的茶叶叶底，能真实反映茶叶原料的"本来面目"。通过分析叶底状况，不但能判断出茶品原料茶青即鲜叶的生长发育情况，而且能判断制茶技术工艺的优劣。

　　评定叶底一是靠嗅觉辨别香气，二是靠眼睛和手判别叶底的嫩度、匀度、色泽、柔软度等，三是观察有无其他杂物掺入。

细看叶底

(一) 叶底的嫩度

　　叶底嫩度通常以芽及嫩叶含量比例和叶质老嫩来衡量。一般芽以含量多、粗而长的为好，细而短的为差。叶质老嫩一方面可以根据舒展开的叶底直接判断，另一方面可以根据软硬度和有无弹性来判断(手指压叶底后不松起的，为嫩；质硬有弹性，放手后松起的，为老。叶脉隆起触手的，为粗老；不隆起、不触手的，为鲜嫩。叶边缘锯齿状明显的，为老，反之为嫩。叶肉厚软的，为嫩；软薄的，为老)。

(二) 叶底的色泽

　　叶底色泽主要看色度和亮度，方法和干茶色泽辨别相同。

　　◎ 深浅：色泽深浅是否符合该茶类应有的色泽要求。

　　◎ 润枯："润"表示茶叶色面油润光滑，反光强；"枯"表示有色无光泽或光泽差。

　　◎ 鲜暗："鲜"为色泽鲜艳、鲜活，表示成品新鲜度。初制及时合理时，"鲜"为新茶所具有的色泽。"暗"为茶色深且无光泽，一般鲜叶粗老，或初制不当时出现。

　　◎ 匀杂："匀"表示色调、鲜叶标准一致。色不一致，茶中多黄片、青条、筋梗、焦片等谓之"杂"。

(三) 叶底的匀度

　　茶叶匀度是指茶叶的整碎度、净度等。从"整碎度"来看，匀整的为好，断碎的为次。也就是说，叶底形状越整齐越好，碎叶多且细杂的都只能算次级品。

　　"净度"就是看茶叶中的杂物含量，好的茶叶大都不含杂质或含少量杂质。

(四) 叶底的柔软度

　　好的叶底应具有亮、嫩、厚、稍卷等全部或部分特征；次的叶底暗、老、薄；有焦片、焦叶的则更次。

　　通常叶底的舒展度越好,茶质越好,这样的茶叶活性强,存储环境好,故韧性较高,后期的转化空间也很大。

 知识小贴士

品茶术语之叶底

1. 绿茶叶底鉴别

鲜亮:色泽新鲜明亮。多用于新鲜、嫩度良好而干燥的高档绿茶。

绿明:绿润明亮。多用于高档绿茶。

柔软:细嫩绵软。多用于高档绿茶。

单薄:指叶张瘦薄。多见于长势欠佳的小叶种鲜叶制成的条形茶。

叶张粗大:大而偏老的单片及对夹叶,常见于粗老茶的叶底。

红梗红叶:绿茶叶底的茎梗和叶片局部带暗红色。多见于杀青温度过低、未及时抑制酶的活性,致使部分茶多酚氧化成不溶于水的有色物质,沉积于叶片组织中。

芽叶成朵:芽叶细嫩而完整相连。

红蒂:茎叶基部呈红色。多见于采茶方法不当或鲜叶摊放时间过长,以及部分紫芽种制成的绿茶。

生熟不匀:多见于鲜叶老嫩混杂、杀青程度不匀的叶底。

青暗:色暗绿,无光泽。多见于夏、秋季的粗老绿茶。

青张:叶底中夹杂色深较老的青片。

青褐:色暗褐泛青。

花青:叶底蓝绿或红里夹青。多见于用花青素含量较多的紫芽种制成的绿茶。

靛青:又称"靛蓝",冲泡后的茶叶呈蓝绿色。多见于用含花青素较多的紫芽种制成的绿茶。

瘦小:芽叶单薄细小。

摊张:摊开的粗老叶片。

黄熟:色泽黄而亮度不足。

焦边:也称烧边,叶片边缘已炭化发黑。

舒展:冲泡后的茶叶自然展开。

卷缩:开汤后的叶底不展开。

2. 白茶叶底鉴别

细嫩:芽头多,叶子长而细,叶质幼嫩柔软。

鲜嫩:叶质细嫩,叶色鲜艳、明亮。

匀嫩：叶质细嫩匀齐一致,柔软,色泽调和。

柔嫩、柔软：芽叶细嫩,叶质柔软,光泽好,称为柔嫩。嫩度稍差,质地柔软,手指按之如棉,无弹性,不容易松起,称为柔软。

肥厚：芽叶肥壮,叶肉厚,质软,叶脉隐现。

瘦薄、飘薄：芽小叶薄,瘦薄无肉,质硬,叶脉显现。

粗老：叶质粗大,叶脉隆起,手指按之粗糙。

匀齐："匀"是色泽调和,"齐"是老嫩一致,匀整无断碎。反之,老嫩、大小、色泽不一致的称"不匀"。

单张：脱茎的独瓣叶子。

短碎：毛茶经精加工大部会断成半叶,短碎是指比半叶更碎小的叶片。

开展：冲泡后,卷紧的干茶吸水膨胀而展开成片形,且有柔软感的为开展。

拈暗：叶色暗沉无光,陈年老白茶的叶底多如此。

红暗：红显暗、无光泽。

红张：萎凋过度,叶张红变。

暗张：暗黑,多为雨天制茶形成死青。

以白毫银针为例,冲泡后,看茶叶的肥壮或者细瘦程度,福鼎白茶较肥壮,政和白茶偏瘦长;看梗部,福鼎的银针梗部较短,政和白茶梗部较长;看银针的长度,头春头采、头春次采、二春茶银针长度依次增加,品质也呈递减之势。

3. 黄茶叶底鉴别

黄茶的叶底以嫩黄为主,以芽叶肥壮、匀整、黄色鲜亮的为好,芽叶瘦薄黄暗的为次。一般鲜叶柔软,为一芽二叶初展,嫩黄是高级黄茶典型的叶底色泽,如黄茶类中的君山银针、蒙顶黄芽等。

肥嫩：芽头肥壮,叶质柔软厚实。

嫩黄：黄里泛白,叶质嫩度好,明亮度好。

4. 乌龙茶叶底鉴别

肥亮：叶肉肥厚,叶色明亮。

软亮：嫩度适当或稍嫩,叶质柔软,按后伏贴盘底,叶色明亮。

红边：做青适度,叶边缘呈鲜红或朱红色,叶中央黄亮或绿亮。

绸缎面：叶肥厚有绸缎花纹,手摸柔滑有韧性。

滑面：叶肥厚,叶面平滑无波状。

白龙筋：叶背叶脉泛白,浮起明显,叶张薄软。

红筋：叶柄、叶脉受损伤,发酵泛红。

糟红：发酵不正常或过度,叶底褐红,红筋红叶多。

暗红张：叶张发红而无光泽,多为晒青不当造成灼伤或发酵过度而产生。

一些揉捻较重的乌龙茶,完全舒展后仍然会稍有卷曲,这都是正常的。但如果冲泡之后叶底完全摊开如纸,没弹性或者紧缩泡不开,那都是工艺存在缺陷的表现。

5. 红茶叶底鉴别

鲜亮:色泽新鲜明亮。多见于新鲜、嫩度良好而干燥的高档红茶。

柔软:细嫩绵软。多见于高档红茶,如一级祁红外形细嫩,叶底柔软。

单薄:叶张瘦薄。多见于长势欠佳的小叶种鲜叶制成的条形茶。

叶张粗大:大而偏老的单片、对夹叶。常见于粗老茶的叶底。

红匀:红茶叶底匀称,色泽红明。多见于茶叶嫩度好且制作得当的茶叶。

瘦小:芽叶单薄细小。多见于施肥不足或受冻后缺乏生长力的芽叶制品。

摊张:摊开的粗老叶片。多见于低档毛茶。

猪肝色:偏暗的红色。多见于发酵较重的中档条形红茶。

舒展:冲泡后的茶叶自然展开。制茶工艺正常的新茶,其叶底多呈舒展状。

卷缩:开汤后的叶底不展开。多见于陈茶或干燥过程中火功太高导致叶底卷缩;条索紧结,泡茶用水温度不够,叶底也会呈卷缩状态。

红茶的叶底以明亮的为好,叶底花青的为次,叶底深暗多乌条的为劣。叶底的嫩度,以柔软匀整为上,粗硬花杂为下。红碎茶的叶底着重红亮度,嫩度相当即可。

6. 黑茶叶底鉴别

硬杂:叶质粗老、多梗,色泽花杂。

薄硬:质薄而硬。

青褐:褐中泛青。

黄褐:褐中泛黄。

黄黑:黑中泛黄。

红褐:褐中泛红。

泥滑:嫩叶组织糜烂。

丝瓜瓤:老叶叶肉糜烂,只剩叶脉。

黑茶除篓装茶叶底黄褐及普洱茶叶底红褐亮匀较软外,其他砖茶的叶底一般黑褐较粗。

任务 五 茶叶审评实训

茶叶审评就是用感官鉴别茶叶质量的过程。审评人员运用正常的视觉、嗅觉、味觉、触觉的辨别能力,对茶叶的外形、汤色、香气、滋味及叶底等品质因子进行审评,从而达到鉴定茶叶品质的目的。

茶叶审评

实训项目一　茶叶审评报告表

姓名：　　　　　　　　　　　　　　班级：

茶 名	外形(20%)		汤色(10%)		香气(30%)		滋味(30%)		叶底(10%)		总分
	评语	分	评语	分	评语	分	评语	分	评语	分	总分

实训项目二　茶汤对茶样 PK 单

根据评茶碗中茶汤的品质表现,把评茶碗上的数字编号,对应填入空格中,对一个 10 分。

姓名：　　　　　　　　　　　　　　班级：

西湖龙井(1)	浙江龙井(3)	生普洱(5)	安吉白茶(7)	滇红(9)	大红袍(4)	铁观音(2)	芝兰单丛(6)	蜜兰单丛(8)	祁门红茶(10)	总分

备注:可根据实训室内现有的茶叶及茶汤适度做调整。

岗位技能四

茶艺表演实训

实训一 绿茶行茶法
——玻璃杯冲泡法

绿茶茶艺表演

【实训目的】

1. 使用玻璃杯冲泡绿茶,掌握绿茶冲泡技巧和对客茶事服务;

2. 能为客人解说绿茶行茶法的每个步骤;

3. 能辨识绿茶的外形、汤色、香气、滋味和叶底。

【茶具配备】

茶盘1个、玻璃杯2只、随手泡1把、茶道组1套、茶叶罐1只、赏茶荷1只、茶巾1块。

【茶具摆放】

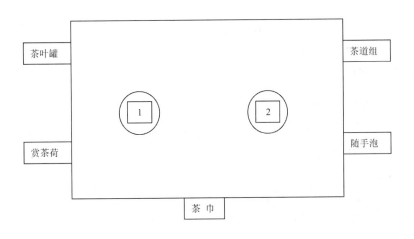

【实训步骤】

1. 教师示范,强调步骤要点。
2. 学生分组,观看视频和行茶步骤,反复操练。
3. 教师巡视,个别指导。
4. 考核计分,教师总结。

绿茶行茶步骤

【讲解词及动作要领】

在沏茶前以清水净手,端正仪容,调整好心态,以平静愉悦的心情进入茶境。

第一步：冰心去凡尘(洁器)

茶是至清至洁、天涵地育的灵物。泡茶所用的器皿也必须至清至洁。用开水烫洗一遍茶杯,做到"冰清玉洁",一尘不染。

动作要领:

(1) 按从左至右顺序分别洁器。

(2) 逆时针回旋注水。

(3) 逆时针摇杯三圈。

(4) 从里至外旋转杯子并倾倒水于茶盘一角。

第二步：初识赏仙姿(赏茶)

将茶荷端于客人前,双手奉上。

动作要领:

(1) 双手捧茶荷。

(2) 逆时针旋转。

(3) 从左至右面朝外绕一圈。

(4) 放回原位。

第三步：清宫迎佳人(置茶)

用茶匙将茶荷中的茶叶拨入玻璃杯中待泡。

动作要领:

(1) 双手捧持赏茶荷至玻璃杯一侧。

(2) 左手拿荷,右手拿匙。

(3) 从左至右置茶。

第四步：甘露润莲心(温润泡)

好的龙井茶嫩如莲心。清代乾隆皇帝将之称为"润莲心","润莲心"即在开泡前向杯中注入少许热水,起到润茶的作用。

动作要领:

(1) 右手提随手泡,左手抵盖。

(2) 从左至右逆时针旋转注少许水。

(3) 左手托底逆时针旋转三圈。

(4) 第二杯放鼻前从左至右闻香。

第五步：凤凰三点头(冲泡)

冲泡绿茶时讲究高冲水。在冲水时,水壶有节奏地三起三落,犹如凤凰向各位嘉宾点头致意。

动作要领：

(1) 从左至右顺序注水。

(2) 高冲水,节奏快而稳。

第六步：观音捧玉瓶(奉茶)

传说,观世音菩萨常捧着一个白玉净瓶,净瓶中的甘露可消灾祛病、救苦救难。

动作要领：

(1) 右手托杯底,左手轻扶杯身,置于身体右侧。

(2) 微笑,目光平视。

(3) 双手捧至客位,伸手示意"请喝茶"。

第七步：淡中品至味(品茶)

龙井茶的茶汤清纯甘鲜,淡而有味,只要用心去品,就一定能从淡淡的茶汤中品出天地间至清、至醇、至美的韵味来。

动作要领：

(1) 左手托底,右手轻握杯身。

(2) 轻喝三口。

(3) 微笑点头礼毕。

【评分表】

序号	考核内容	考核要求	配分	评分标准	现场表现	扣分	得分
1	仪表、仪容	发型规范(不披发)；服装平整,鞋袜规范(茶服,软底鞋)；仪容大方,不戴过多饰物(无鲜艳指甲,无浓妆,无香气)	10	发型不规范,扣2分；妆容不规范,扣2分；服装不规范,扣2分；鞋袜不规范,扣2分；饰物过多,扣2分。 (本项最多扣10分)			

下篇 茶艺

163

序号	考核内容	考核要求	配分	评分标准	现场表现	扣分	得分
2	设席、投茶量、坐姿	设席清爽、安静；茶量适中；坐姿便于舒展行茶	20	茶席设置超时,扣5分； 茶器位置摆放错误,扣5分； 茶器摆放不方便行茶,扣1分； 投茶量过多或过少,扣5分； 坐姿过于放松或紧张,扣2分； 设席过程中随意说话,扣2分。 （本项最多扣20分）			
3	行茶过程	行茶过程轻松、自然	50	行茶过程中取放越物,扣2分； 行茶过程中动作多余,扣2分； 行茶过程中器物碰撞声音过大,扣5分； 温器顺序不对,扣2分； 温器时注水方式不对,扣2分； 温器时出汤姿势不对,扣2分； 赏茶手势不对,扣3分； 置茶顺序不对,扣3分； 温润泡手势不对,扣3分； 凤凰三点头顺序错误,扣2分； 凤凰三点头节奏错误,扣10分； 凤凰三点头后茶汤过多或过少,扣3分； 奉茶的姿态不对,扣2分； 奉茶的神态不对,扣2分； 请茶时的手势不对,扣2分； 品茶仪态不对,扣5分； （本项最多扣50分）			
4	行茶禁忌	行茶过程中保持安静,茶空间的行走需大方、自然,器物取放均应轻柔	20	行茶过程中声音较大,扣5分(包括行走、器物取放等)； 茶汤滋味不正,最多可扣15分 (茶汤温度过低或过高,出汤时间过长或过短,茶汤滋味过浓或过淡,茶汤滋味过苦或过涩) （本项最多扣20分）			
合计							

实训二　花茶行茶法

花茶茶艺表演

——盖碗冲泡法

【实训目的】

1. 使用盖碗冲泡茉莉花茶,掌握花茶冲泡技巧和对客茶事服务;

2. 能为客人解说花茶行茶法的每个步骤;

3. 能辨识茉莉花茶的外形、汤色、香气、滋味和叶底。

【茶具配备】

茶盘 1 个、盖碗茶杯 2 套、随手泡 1 把、茶道组 1 套、茶叶罐 1 只、赏茶荷 1 只、茶巾 1 块。

【茶具摆放】

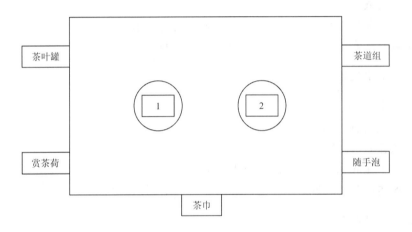

【实训步骤】

1. 教师示范,强调步骤要点。

2. 学生分组,观看视频和行茶步骤,反复操练。

3. 教师巡视,个别指导。

4. 考核计分,教师总结。

【讲解词及动作要领】

花茶行茶步骤

第一步：烫盖迎花

向盖碗内注入少量开水,将洁净的茶器再烫洗一遍。

动作要领：

(1) 依从左至右的顺序。

(2) 逆时针注水。

(3) 右手拿茶针,从反扣碗盖内侧轻轻下压,左手轻扶碗盖,自然旋转。

(4) 动作轻稳,不发出响声。

第二步:温杯预盖

摇器清洁,以示对茶客和茶叶的敬意。

动作要领:

(1) 按从左至右的顺序,双手捧杯置于胸前。

(2) 左手托杯底,右手轻握碗身,逆时针旋转盖碗。

(3) 斜盖少许倒水于茶盘一角。

(4) 正盖,双手捧杯放回原位。

第三步:香茗入盖

用茶匙将赏茶荷中的花茶拨入洁白如玉的盖碗中。

动作要领:

(1) 揭盖放内侧。

(2) 赏茶荷近放鼻前从左至右轻闻并弧形对客展示。

(3) 从左至右轻拨干茶入杯,依次放回茶匙和赏茶荷。

第四步:水润茶香

动作要领:

(1) 从左至右,逆时针旋转注水。

(2) 盖盖后,连托捧置胸前。

(3) 左手托底,右手自然压盖,逆时针轻转。

(4) 掀盖放鼻前轻闻。

第五步:凤凰三点头

即高提水壶,让热水从壶中直泻而下注入杯中,接着利用手腕的力量上下提拉注水,杯中的花茶随水波上下翻滚。

动作要领:

(1) 逆时针注水少许。

(2) 提拉轻稳,置七至八分满。

第六步:敬茶

敬茶时应双手捧杯,举杯齐眉,注目嘉宾并行点头礼。

动作要领:

(1) 微笑点头,双手捧左侧茶置客位,伸手示意"请用茶"。

(2) 双手捧右侧茶置于胸前,左手托底,右手掀盖闻香。

(3) 品茗三口,轻放原位。

(4) 微笑点头礼毕。

【评分表】

序号	考核内容	考核要求	配分	评分标准	现场表现	扣分	得分
1	仪表、仪容	发型规范(不披发);服装平整,鞋袜规范(茶服,软底鞋); 仪容大方,不戴过多饰物(无鲜艳指甲,无浓妆,无香气)	10	发型不规范,扣2分; 妆容不规范,扣2分; 服装不规范,扣2分; 鞋袜不规范,扣2分; 饰物过多,扣2分。 (本项最多扣10分)			
2	设席、投茶量、坐姿	设席清爽、安静;茶量适中;坐姿便于舒展行茶	20	茶席设置超时,扣5分; 茶器位置摆放错误,扣5分; 茶器摆放不方便行茶,扣1分; 投茶量过多或过少5分; 坐姿过于放松或紧张,扣2分; 设席过程中随意说话,扣2分; (本项最多扣20分)			
3	行茶过程	行茶过程轻松、自然	50	行茶过程中取放越物,扣2分; 行茶过程中动作多余,扣2分; 行茶过程中器物碰撞声音过大,扣5分; 温器顺序不对,扣1分; 温器时注水方式不对,扣2分; 翻盖姿势不对,扣2分; 出汤方式不对,扣2分; 出汤有滴洒,扣3分; 赏茶手势不对,扣3分; 置茶方式和顺序不对,扣2分; 水润茶香时闻香姿势不对,扣3分; 凤凰三点头顺序错误,扣2分; 凤凰三点头节奏错误,扣10分; 奉茶的姿态不对,扣2分; 奉茶的神态不对,扣2分; 请茶时的手势不对,扣2分; 品茶仪态不对,扣5分 (本项最多扣50分)			

下篇 茶艺

167

续表

序号	考核内容	考核要求	配分	评分标准	现场表现	扣分	得分
4	行茶禁忌	行茶过程中保持安静,茶空间的行走需大方、自然,器物取放均应轻柔	20	行茶过程中声音较大,扣5分(包括行走、器物取放等); 茶汤滋味不正,最多可扣15分(茶汤温度过低或过高,出汤时间过长或过短,茶汤滋味过浓或过淡,茶汤滋味过苦或过涩) (本项最多扣20分)			
合 计							

实训三　祁门工夫红茶行茶法

——紫砂壶冲泡法

红茶茶艺表演

【实训目的】

1. 使用紫砂壶冲泡红茶,掌握红茶冲泡技巧和对客茶事服务;

2. 能为客人解说红茶行茶法的每个步骤;

3. 能辨识红茶的外形、汤色、香气、滋味和叶底。

【茶具配备】

茶盘1个、紫砂壶1只、白瓷杯3只、公道杯1只、杯托3个、滤网1套、随手泡1把、茶道组1套、茶叶罐1只、赏茶荷1只、茶巾1块。

【茶具摆放】

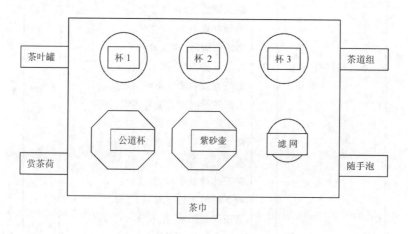

【实训步骤】

1. 教师示范,强调步骤要点。

2. 学生分组,观看视频和行茶步骤,反复操练。

3. 教师巡视,个别指导。

4. 考核计分,教师总结。

红茶行茶步骤

【讲解词及动作要领】

第一步:展示茶器(介绍)

请来宾欣赏茶器,紫砂壶、公道杯、滤网、白瓷杯、茶罐、赏茶荷、茶道组和随手泡。

动作要领:

(1) 先介绍茶盘上的茶器,从左至右介绍。

(2) 右手拿器,左手托底。

(3) 微笑平视,从左至右环形展示。

第二步:温热壶盖(温杯)

用初沸之水注入紫砂壶及杯中,为壶、杯升温。

动作要领:

(1) 逆时针注水入壶。

(2) 从壶中注水至公道杯。

(3) 由公道杯注水于白瓷杯中,多余水逆时针淋壶升温。

第三步:鉴赏干茶(赏茶)

红茶是全发酵茶,因其茶汤呈红色而得名,祁门红茶外形条索紧结细小,苗秀显毫,色泽乌润,被誉为"群芳最"和"红茶皇后"。

动作要领:

从左至右环形展示。

第四步:王子入宫(置茶)

将茶漏轻放壶口,用茶匙轻拨红茶入壶。

动作要领:

(1) 揭开壶盖,环形放内侧。

(2) 右手取茶漏置于壶口。

(3) 左手捧赏茶荷,右手拿茶匙。

(4) 用茶匙轻拨干茶入壶。

第五步:悬壶高冲(注水)

这是冲泡红茶的关键。冲泡红茶的水温要在 95 ℃以上。

动作要领：

提壶高冲,逆时针旋转。

第六步：洗茶入海 (洗茶)

这泡茶汤倒入茶盘,不以奉客,称之为"洗茶"。

动作要领：

(1) 出水快。

(2) 倒入茶盘一角。

第七步：正泡红茶 (正泡)

动作要领：

(1) 提壶高冲,逆时针旋转,盖壶盖。

(2) 将白瓷杯中的温杯水倒入茶盘。

第八步：分杯敬客 (分杯)

将壶中的茶水倒入公道杯中,再将公道杯中的茶均匀地分入每一杯中,使杯中之茶的色、味一致。敬客双捧,示意"请用茶"。

动作要领：

(1) 提壶出茶汤,浅斟入公道杯,再由公道杯注入白瓷杯中至七八分满。

(2) 双手捧送左侧杯置客前,伸手示意"请用茶"。

第九步：喜闻幽香(闻香)

祁门工夫红茶是世界公认的三大高香茶之一,其香浓郁高长,又有"茶中英豪群芳最"之誉。

动作要领：

用右手以三龙护鼎的方式持右侧杯至鼻前从左至右轻闻。

第十步：品味浓醇 (品茗)

祁门工夫红茶鲜爽浓醇,回味绵长。

动作要领：

(1) 闻香后轻喝三口。

(2) 微笑点头礼毕。

【评分表】

序号	考核内容	考核要求	配分	评分标准	现场表现	扣分	得分
1	仪表、仪容	发型规范(不披发); 服装平整,鞋袜规范(茶服,软底鞋); 仪容大方,不戴过多饰物(无鲜艳指甲,无浓妆,无香气)	10	发型不规范,扣2分; 妆容不规范,扣2分; 服装不规范,扣2分; 鞋袜不规范,扣2分; 饰物过多,扣2分 (本项最多扣10分)			
2	设席、投茶量、坐姿	设席清爽、安静; 茶量适中; 坐姿便于舒展行茶	20	茶席设置超时,扣5分; 茶器位置摆放错误,扣5分; 茶器摆放不方便行茶,扣1分; 投茶量过多或过少,扣5分; 坐姿过于放松或紧张,扣2分; 设席过程中随意说话,扣2分 (本项最多扣20分)			
3	行茶过程	行茶过程轻松、自然	50	行茶过程中取放越物,扣2分; 行茶过程中动作多余,扣2分; 行茶过程中器物碰撞声音过大,扣5分; 展示茶器姿势不对,扣3分; 温器时注水方式不对,扣2分; 外淋壶不对,扣2分; 出汤手势不对,扣2分; 出汤有滴洒,扣3分; 赏茶手势不对,扣3分; 置茶方式和顺序不对,扣2分; 悬壶高冲手势不对,扣3分; 未洗茶入海,扣2分; 洗茶入海不及时,扣2分; 正泡红茶姿势不对,扣3分; 分杯不浅斟,扣3分; 奉茶的姿态不对,扣2分; 奉茶的神态不对,扣2分; 闻香姿态不对,扣2分; 品茶仪态不对,扣5分 (本项最多扣50分)			

下篇 茶艺

171

续表

序号	考核内容	考核要求	配分	评分标准	现场表现	扣分	得分
4	行茶禁忌	行茶过程中保持安静,茶空间的行走需大方、自然,器物取放均应轻柔	20	行茶过程中声音较大,扣 5 分(包括行走、器物取放等); 茶汤滋味不正,最多可扣 15 分 (茶汤温度过低或过高,出汤时间过长或过短,茶汤滋味过浓或过淡,茶汤滋味过苦或过涩); 　　(本项最多扣20分)			
合　计							

实训四　铁观音行茶法
——紫砂壶冲泡法

铁观音茶艺表演

【实训目的】

1. 使用紫砂壶冲泡铁观音,掌握乌龙茶冲泡技巧和对客茶事服务;
2. 能为客人解说乌龙茶行茶法的每个步骤;
3. 能辨识铁观音的外形、汤色、香气、滋味和叶底。

【茶具配备】

茶盘 1 个、紫砂壶 1 只、公道杯 1 只、品茗杯 4 只、闻香杯 4 只、杯托 4 个、滤网 1 套、随手泡 1 把、茶道组 1 套、茶叶罐 1 只、赏茶荷 1 只、茶巾 1 块。

【茶具摆放】

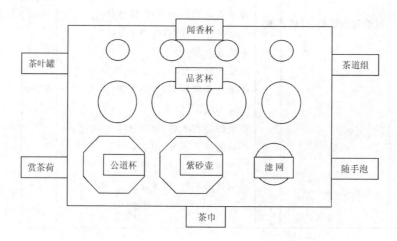

【实训步骤】

1. 教师示范,强调步骤要点。
2. 学生分组,观看视频和行茶步骤,反复操练。
3. 教师巡视,个别指导。
4. 考核计分,教师总结。

【讲解词及动作要领】

乌龙茶行茶步骤

第一步:孔雀开屏(展示茶器)

孔雀开屏即展示自己的美丽。紫砂壶具有良好的吸香性、保温性和透气性;公道杯用于均匀茶汤;滤网用于过滤茶渣;闻香杯用来嗅闻杯底的留香;品茗杯用来评品香茗。辅泡工具有茶叶罐、赏茶荷、茶道组、随手泡等。

动作要领:

(1) 右手拿器,左手托底。

(2) 从左至右展示茶器。

第二步:鉴赏佳茗(赏茶)

铁观音干茶外形卷曲整洁,色泽苍绿,素有"美如观音重如铁,七泡留余香"之美誉。

动作要领:

双手持赏茶荷从左至右环形展示。

第三步:沐霖瓯杯(洗杯)

烫洗茶壶,提高壶身温度,有利于茶叶香气的发挥,同时也寓意宾客心中的烦恼随之而去。

动作要领:

注水顺序从壶至公道杯再至闻香杯。

第四步:观音入宫(置茶)

用茶匙将茶荷中的铁观音拨入壶中,称为"乌龙入宫"。

动作要领:

(1) 揭开壶盖,轻放茶漏于壶口。

(2) 茶叶入壶后,放回茶漏。

第五步:悬壶高冲(冲水)

为使茶叶随着水流旋转翻滚,悬壶高冲。

动作要领:

逆时针旋转拉高,并注满水于壶中。

第六步：春风拂面(洗茶)

壶盖沿壶口轻轻绕一圈，以刮去表面浮沫，然后右手提起随手泡把壶盖冲净，所谓"洗去一路征程后，方可品得香茗誉"。泡茶讲究头道汤，二道茶，三道四道是精华，头道汤一般不喝，用于洗茶。

动作要领：

(1) 右手提随手泡，左手拿盖逆时针刮沫并冲洗。

(2) 迅速出水，注入茶盘一角。

第七步：瓯里酝香(正泡)

再次往壶内注水，重洗仙颜。冲泡铁观音，只有时间适当，才可体现其独特的香和韵。

动作要领：

(1) 右手提随手泡，注满水于壶中。

(2) 外淋壶。

(3) 水由闻香杯倒入品茗杯。

第八步：若琛听泉(洗杯弃水)

将品茗杯中的水依次倒入茶盘，品茗杯又因制杯名家而称为若琛杯;听泉指欣赏水流落入茶盘的声音。

动作要领：

(1) 拉高倒水听水流声。

(2) 翻杯轻捷不撞杯。

第九步：观音出海(出汤)

将紫砂壶中的茶汤注入公道杯中。

动作要领：

提壶浅斟注入公道杯中。

第十步：祥龙行云(斟闻香杯)

俗称"关公巡城"，就是把茶水依次巡回地斟入各茶杯中。

第十一步：点水留香(均匀茶汤)

俗称"韩信点兵"，就是斟茶斟到最后瓯底最浓部分，要均匀地点滴到各杯中，以便各杯中的茶汤浓淡均匀，香醇一致。

第十二步：高屋建瓴(盖杯)

将品茗杯盖在闻香杯上。

动作要领：

覆盖要端正。

第十三步：鲤鱼翻身(翻杯)

把扣好的杯子翻转过来。

动作要领：

(1) 翻杯动作要轻捷,切勿茶水四溅。

(2) 从左到右翻杯。

(3) 第一杯敬茶于客前,伸手示意"请用茶"。

第十四步：细闻幽香(闻香)

将闻香杯轻轻提起,双手揉搓绕杯沿一周,至鼻尖闻香。铁观音天然赋予的幽兰之香,香气四溢,令人心旷神怡。

动作要领：

(1) 轻提闻香杯,逆时针旋转。

(2) 揉搓并轻摇置鼻前闻香。

第十五步：初品奇茗(品茶)

铁观音汤色黄绿明亮,三口为品,徐徐咽下,细细品味,唇齿留香,令人回味无穷。

动作要领：

(1) 右手以三龙护鼎法持杯轻啜三口。

(2) 微笑点头礼毕。

【评分表】

序号	考核内容	考核要求	配分	评分标准	现场表现	扣分	得分
1	仪表、仪容	发型规范(不披发); 服装平整,鞋袜规范(茶服,软底鞋); 仪容大方,不戴过多饰物(无鲜艳指甲,无浓妆,无香气)	10	发型不规范,扣2分; 妆容不规范,扣2分; 服装不规范,扣2分; 鞋袜不规范,扣2分; 饰物过多,扣2分 (本项最多扣10分)			
2	设席、投茶量、坐姿	设席清爽、安静; 茶量适中; 坐姿便于舒展行茶	20	茶席设置超时,扣5分; 茶器位置摆放错误,扣5分; 茶器摆放不方便行茶,扣1分; 投茶量过多或过少,扣5分; 坐姿过于放松或紧张,扣2分; 设席过程中随意说话,扣2分 (本项最多扣20分)			

序号	考核内容	考核要求	配分	评分标准	现场表现	扣分	得分
3	行茶过程	行茶过程轻松、自然	50	行茶过程中取放越物,扣2分; 行茶过程中动作多余,扣2分; 行茶过程中器物碰撞声音过大,扣5分; 展示茶器姿势不对,扣3分; 赏茶手势不对,扣3分; "沐霖瓯杯"姿势不对,扣3分; 洗杯姿势和顺序不对,扣3分; 未高冲水,扣3分; 洗茶动作不协调,扣3分; 缺少外淋壶,扣5分; 茶汤不浅斟注入公道杯,扣3分; 缺少"点水留香"环节,扣2分; "高屋建瓴"盖品茗杯时失误,扣3分; "鲤鱼翻身"失误,扣3分; 请茶的手势及神态不对,扣2分; 闻香姿态不对,扣2分; 品茶仪态不对,扣3分 (本项最多扣50分)			
4	行茶禁忌	行茶过程中保持安静,茶空间的行走需大方、自然,器物取放均应轻柔	20	行茶过程中声音较大,扣5分(包括行走、器物取放等); 茶汤滋味不正,最多可扣15分 (茶汤温度过低或过高,出汤时间过长或过短,茶汤滋味过浓或过淡,茶汤滋味过苦或过涩) (本项最多扣20分)			
合计							

实训五 行茶十式茶艺

行茶十式茶艺表演

——盖碗冲泡法

(此为北京王琼老师创立)

【实训目的】

1. 使用盖碗冲泡任意款茶,掌握行茶十式冲泡技巧和对客茶事服务;

2. 能为客人解说行茶十式的每个步骤;

3. 能根据不同的茶叶来把握水温和冲泡时间,可以让每款茶呈现出最佳的色泽、香气和滋味。

【茶具配备】

茶席 1 张、盖碗 1 套、品茗杯 3 只、杯托 3 个、公道杯 1 只、随手泡 1 把、茶针茶匙 1 套、茶叶罐 1 只、茶盂 1 个、茶巾 1 块。

【茶具摆放】

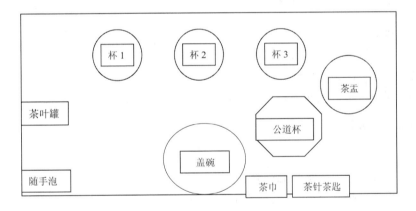

【实训步骤】

1. 教师示范,强调步骤要点。

2. 学生分组,观看视频和行茶步骤,反复操练。

3. 教师巡视,个别指导。

4. 考核计分,教师总结。

【讲解词及动作要领】

第一步：主客行礼

动作要领：

茶艺师入座后，在座位上行 15°示意礼，稍有停顿即可，同时行注目礼。

第二步：备茶

动作要领：

(1) 四指并拢，从外向内旋转茶叶罐。

(2) 将茶罐中的茶倾倒于茶则。

(3) 计算好茶水比例，一次取茶适量。

第三步：温器

动作要领：

(1) 翻盖注水。

(2) 温器时注水点在 12 点方向。

(3) 使用茶针覆盖，无滴洒出水至公道杯。

第四步：投茶、摇香、传嗅

动作要领：

(1) 在盖碗温度高时投茶，以便醒茶和发香。

(2) 摇香三次，唤醒干茶。

(3) 闻香时将盖碗向内打开 15°缝隙，切忌对茶呼气。

第五步：温杯

动作要领：

(1) 用公道杯中的水来温品茗杯。

(2) 手不可触碰公道杯口，执 2/3 处。

(3) 四指并拢，拇指贴合呈手容恭。

(4) 弃水时有送有收。

第六步：润茶

动作要领：

(1) 注水及出汤速度相对快一些。

(2) 注水点在 6 点至 7 点方向。

(3) 润茶的水弃于茶盂。

(4) 润茶结束后旋转盖碗。

第七步：泡茶

动作要领：

(1) 注水点在 6 点至 7 点方向。

(2) 器要悬、忌碰撞。

(3) 泡茶结束后旋转盖碗。

(4) 碗盖向内欠缝。

第八步：分茶

动作要领：

(1) 温品茗杯，以右手为轴逆时针旋转一周，并弃水。

(2) 分茶时公道杯底不朝向客人，出汤口与品茗杯呈 45°角。

(3) 低斟细流，茶水量控制在七八分满。

(4) 自左向右分茶。

第九步：请茶

动作要领：

手容恭，双手打开与肩同宽，四指微微向外打开 15°角，同时行 15°度示意礼，请大家自己取用。

第十步骤：品茶

动作要领：

(1) 左手持杯，右手托杯。

(2) 行茶结束，行礼。

下篇 茶艺

【评分表】

序号	考核内容	考核要求	配分	评分标准	现场表现	扣分	得分
1	仪表仪容	发型规范(不披发);服装平整,鞋袜规范;(茶服,软底鞋);仪容大方,不戴过多饰物(无鲜艳指甲,无浓妆,无香气)	10	发型不规范,扣2分;妆容不规范,扣2分;服装不规范,扣2分;鞋袜不规范,扣2分;饰物过多,扣2分　　(本项最多扣10分)			
2	设席、投茶量坐姿	设席清爽、安静;茶量适中;坐姿便于舒展行茶;	20	茶席设置超时,扣5分;茶器位置摆放错误,扣5分;茶器摆放不方便行茶,扣1分;投茶量过多或过少,扣5分;坐姿过于放松或紧张,扣2分;设席过程中随意说话,扣2分　　(本项最多扣20分)			
3	行茶过程	行茶过程轻松、自然	50	行礼(行15°示意礼)不规范,扣2分;备茶过程中取放越物,扣2分;备茶过程中动作(四指并合,从外向内一圈)多余,扣2分;温器过程中越物,扣2分;温器过程中器物碰撞声音过大,扣2分;温器时注水点(12点方向)不对,扣2分;翻盖时手法(茶针平放,手指不能碰到碗盖内侧,全套动作完成再放茶针)不正确,扣2分;温器时出汤姿势不对,扣2分;投茶过程中越物,扣2分;投茶结束茶则摆放位置不正确,扣2分;摇香手法错误,扣5分;闻香方法错误,扣2分;			

180

茶
文化与茶艺

序号	考核内容	考核要求	配分	评分标准	现场表现	扣分	得分
3	行茶过程	行茶过程轻松、自然		温杯时公道杯旋转错误,扣5分; 润茶前未旋转盖碗,扣2分; 润茶时注水点(六至七点方向注水)错误,扣2分; 润茶出汤时手法错误,扣2分; 润茶出汤时茶水滴漏,扣2分; 润茶完未旋转盖碗,扣2分; 泡茶过程中手法僵硬,扣2分; 泡茶过程中越物,扣4分; 泡茶时注水点错误,扣2分; 泡茶时出汤姿势不对,扣2分; 泡茶出汤时茶水滴漏,扣2分; 泡茶结束未旋转盖碗,扣2分; 泡茶结束碗盖摆放方式(碗盖向内欠缝)不对,扣2分; 清洗品茗杯顺序(由左向右清洗)错误,扣2分; 清洗品茗杯旋转方向(逆时针旋转)错误,扣2分 分茶姿势(公杯底不朝客人,出汤口与品杯呈45°)不对,扣2分; 分茶时茶水过满,扣2分; 分茶时公杯旋转(向内旋转两次)错误,扣5分; 请茶姿势不正确,扣2分; 品茗时执杯方式(左手执杯,右手托杯)错误,扣2分; 行茶结束未行礼,扣2分; 手容恭手势(四指并拢拇指贴合,微微弯曲)贯穿整个行茶过程,如有遗漏,每次扣2分,最多可扣20分 (本项最多扣50分)			

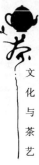

序号	考核内容	考核要求	配分	评分标准	现场表现	扣分	得分
4	行茶禁忌	行茶过程中保持安静,茶空间的行走需大方、自然,器物取放均应轻柔	20	行茶过程中声音较大（包括行走、器物取放等）,扣5分 茶汤滋味不正,最多可扣15分（投茶量过多或过少,茶汤温度过低或过高,出汤时间过长或过短,茶汤滋味过浓或过淡,茶汤滋味过苦或过涩） （本项最多扣20分）			
	合　计						

实训六　创意式茶艺表演

　　创意式茶艺表演是创作者和表演者根据古籍记载,或在地方民俗的基础上,或直接编创出来的主题鲜明、文化内涵丰富、影响力大的茶艺表演类型。

　　创意式茶艺表演是一种对生活艺术的升华,它通过新颖的表演形式,让人们了解茶艺之美,唤起人们对茶艺的爱好,以引起情感共鸣。

　　乔木森老师自1990年就开始挖掘、整理、编导茶艺表演,如《太平茶道》《太极茶道》《太和茶道》《唐代宫廷茶道》《清代宫廷茶道》《佛茶》《神仙茶》《惠安女儿茶》《宋代分茶道》《观音茶》《道茶》《传龙茶》《夫子茶》《大明宫廷茶》等都是乔老师的作品。近些年,全国各地都在举行茶艺师职业技能大赛,一大批创意式茶艺表演涌现出来。无论是在国内茶博会上,还是在国际茶文化舞台上,多姿多彩的创意式茶艺让大众一饱眼福,甚至震撼心灵。

　　例如,北京马连道国际茶文化节上的"生活的味道"茶艺表演,为传统的茶艺表演注入了一股现代气息,将茶在现代都市生活中的养生、减压、静心功能的表达作为主题内涵;京城老字号茶企业茶艺表演队的"和合茶韵",以精湛的茶艺、优美的舞蹈展示了普洱茶,体现了茶和、人和的精神内涵;广西横县的"茉莉情韵"表演队以其优美的音乐、独创的舞蹈及泡茶手法,展示了横县茉莉花茶"花香不压茶"的特点;贵州省凤冈县消防大队官兵们表演的"喜迎亲人进茶乡",将军营的文化特色内涵与茶艺表演巧妙融合,表现了消防战士与伦佬族青年的军民鱼水情,更为柔美的茶艺平添了几许阳刚之气。

　　又如,在历年全国茶艺师职业技能大赛中,由北京老舍茶馆选送创编的"五环茶艺",抓住北京奥运的口号"绿色奥运"和"人文奥运",以中国六大茶类之"六色"与奥运五环之"五色"及"五环"底色的白色为契合点,构思巧妙、别出心裁、标新立异,这套茶艺显示出极强的主题创意;广东茶艺师职业技能大赛中的"茶言西关"茶艺表演,彰显的是"粤韵茶情满荔湾、寻幽探胜入西关"的主题文化内涵；"品茶思恩"茶艺表演，则是以"茶情飘四海、感恩满人间"为主题文化内涵；再如婺源的"文士茶"是根据明清徽州地区文人雅士的品茗方式进行编创的，反映的是明清茶文化的高雅风韵；"白族三道茶"则取材于少数民族茶俗，通过"一苦二甜三回味"的三道茶，来告诫人们人生要先吃苦，才能享受幸福。

同学们可通过鉴赏茶空间和茶会的氛围，结合图片中所展示的三种类型的茶艺表演进行个性化创意式茶艺表演。

【实训目的】

1. 进一步弘扬我国悠久的茶文化传统；
2. 提升学生的创新能力和组织编排能力；
3. 展示学生的文化底蕴和艺术修养。

茶空间鉴赏

茶会鉴赏

【实训步骤】

1. 分小组定主题。
2. 小组讨论编排。
3. 课堂展示。
4. 考核计分。

大汉茶礼（表演者：郭艳）

下篇 茶艺

183

京韵茶艺表演（表演者：郭艳）

太平茶道（表演者：郭艳）

【评分表】

项目	要求和评分标准	分值	得分
主题设计 （10分）	主题鲜明、内涵丰富	10	
仪表、仪容 （6分）	发型、服饰与茶艺表演类型相协调	2	
	形象自然、得体、高雅，用语得当，表情自然	2	
	动作、手势、站姿端正大方	2	
茶席布置 10分	茶器具之间功能协调，质地、形状、色彩和谐	5	
	茶器具布置与排列有序、合理	5	
茶艺表演 （40分）	根据主题配置音乐，具有较强的艺术感染力	5	
	冲泡程序契合茶理，投茶量适当，水温、冲水量 及时间把握合理	10	
	操作动作适度， 手法连绵、轻柔、顺畅，过程完整	15	
	奉茶姿态、姿势自然，言辞恰当	5	
	收具	5	
茶汤质量 （20分）	茶色、香、味、形表达充分	10	
	奉客茶汤温度适宜	5	
	茶汤适量	5	
解说 （10分）	以标准普通话讲解，口齿清晰，能引导和启发观众 对茶艺的理解，给人以美的享受	10	
时间 （4分）	在15分钟内完成茶艺表演，超时扣分	5	
总　分			

下
篇
茶
艺

185

参考文献

［1］贾红文,赵艳红.茶文化概论与茶艺实训[M].北京:清华大学出版社,北京交通大学出版社,2016.

［2］王莎莎.茶文化与茶艺[M].北京:北京大学出版社,2015.

［3］乔木森.茶席设计[M].上海:上海文化出版社,2007.

［4］人力资源和社会保障部教材办公室.茶艺师[M].北京:中国劳动社会保障出版社,2014.

［5］陈立群.茶艺表演教程[M].武汉:武汉大学出版社,2016.

［6］张金霞,陈汉湘.茶艺指导教程[M].北京:清华大学出版社,2011.

［7］中国就业培训技术指导中心,劳动和社会保障部.茶艺师:初级技能 中级技能 高级技能[M].北京:中国劳动社会保障出版社,2004.

［8］程启坤,姚国坤,张莉颖.茶及茶文化二十一讲[M].上海:上海文化出版社,2010.

［9］姚国坤.图说中国茶[M].上海:上海文化出版社,2007.

［10］吴远之.大学茶道教程[M].北京:知识产权出版社,2013.

［11］陈宗懋,杨亚军,中国茶经[M].上海:上海文化出版社,2018.

［12］张星海.茶艺传承与创新[M].北京:中国商务出版社,2017.

［13］李捷,杨文.中国茶艺基础教程[M].北京:旅游教育出版社,2017.

［14］周爱东,郭亚敏.茶艺赏析[M].北京:中国纺织出版社,2008.

［15］饶雪梅,李俊.茶艺服务实训教程[M].北京:科学出版社,2008.

［16］林治.中国茶艺集锦[M].北京:中国人口出版社,2004.

［17］刘铭忠,郑宏峰.中华茶道[M].北京:线装书局,2008.

［18］鸿宇.说茶之日本茶道[M].北京:燕山出版社,2005.

［19］李永梅.中华茶道[M].北京:东方出版社,2007.

［20］徐海荣.中国茶事大典[M].北京:华夏出版社,2000.

［21］陈椽.茶叶通史[M].北京:中国农业出版社,2003.

［22］吴觉农.茶经述评[M].北京:中国农业出版社,2005.

［23］董京泉.老子道德经新编[M].北京:中国社会科学出版社,2008.

［24］陆羽.茶经[M].李勇,李艳华注.北京:华夏出版社,2006.

［25］李泽厚.论语今读[M].桂林:广西师范大学出版社,2007.

［26］徐亚和.解读普洱[M].昆明:云南美术出版社,2006.

［27］陆松候,施兆鹏.茶叶审评与检验[M].北京:中国农业出版社,2001.

［28］刘启贵.科学饮茶使用知识手册[Mc.上海:同济大学出版社,2000.

［29］方雯岚.茶与儒[M].上海:上海文化出版社,2014.

［30］《经典读库》编委会.中华传世茶道茶经[M[.南京:江苏美术出版社,2013.